巧克力聖經技巧全圖解

CHOCOLAT

系列名稱 / 大師系列
書　名 / 巧克力聖經技巧全圖解
作　者 / 巴黎斐杭狄FERRANDI 法國高等廚藝學校
出版者 / 大境文化事業有限公司
發行人 / 趙天德
總編輯 / 車東蔚
文　編 / 編輯部
美　編 / R.C. Work Shop
翻　譯 / 林惠敏
地址 / 台北市雨聲街77號1樓
TEL / (02)2838-7996
FAX / (02)2836-0028
初版/ 2021年1月
定　價 / 新台幣1480元
ISBN / 9789869814287
書　號 / Master 20

讀者專線 / (02)2836-0069
www.ecook.com.tw
E-mail / service@ecook.com.tw
劃撥帳號 / 19260956大境文化事業有限公司

Originally published in French as Chocolat:Toutes les techniques et recettes d'une école d'excellence

Design and Typesetting: Alice Leroy
Editorial Collaboration: Estérelle Payany
Project Coordinator, FERRANDI Paris: Audrey Janet
Pastry Chefs, FERRANDI Paris: Stévy Antoine and Carlos Cerqueira
Editor: Clélia Ozier-Lafontaine, assisted by Claire Forcinal

巴黎斐杭狄FERRANDI法國高等廚藝學校，是高等廚藝培訓領域的標竿。
自1920年，本校已培育出數代的米其林星級主廚、甜點師、麵包師、餐廳經理。
位於巴黎聖日耳曼德佩區（Saint-Germain-des-Prés）的斐杭狄FERRANDI每年接受來自全世界的學生，
亦為各國提供具品質保證的大師課程。
本書由校內的教授和最出色的法國糕點師合力所完成。

國家圖書館出版品預行編目資料
巧克力聖經技巧全圖解
巴黎斐杭狄FERRANDI法國高等廚藝學校 著；--初版.--臺北市
大境文化，2021 304面；22×28公分.
（MASTER；M 20）
ISBN 978-986-9814-28-7（精裝）
1.點心食譜　2.法國
427.16　109021144

FERRANDI
PARIS

巴黎斐杭狄法國高等廚藝學校

巧克力聖經技巧全圖解
CHOCOLAT

精準掌握巧克力的專業技術、
操作技巧與必學大師級食譜

Photographies de Rina Nurra

攝影　麗娜努拉

大境文化

近百年來，**FERRANDI Paris 巴黎斐杭狄法國高等廚藝學校**教授所有烹飪料理學科。繼我們精深完備又美味可口的料理書和糕點書先後大獲成功，是時候著手撰寫其他需要特殊知識技術的主題了。

還有什麼比巧克力這令糕點師永遠嚮往，而老饕喜愛在甜點裡享受到的獨特食材更迷人的呢?黑巧克力、白巧克力、牛奶巧克力、帕林內，塊狀巧克力、甘那許、夾心糖，還有奶油醬、馬卡龍、水果蛋糕或多層蛋糕…，巧克力沒有極限，而且始終是全世界專業人士主要的靈感來源。

巴黎斐杭狄以傳統知識技能，與創意創新的學習概念為教育核心，與業界獨特的連結維繫著這樣的平衡，使巴黎斐杭狄成為模範機構。這就是為何本書不僅包含配方，也有許多基本技術、技巧和精確的建議，對於不論是想在家製作的讀者，或是在專業背景下探索這迷人主題的糕點師來說，都非常實用。

我衷心感謝**FERRANDI Paris 巴黎斐杭狄法國高等廚藝學校**協助製作本書的合作夥伴，尤其是確保統籌順利進行的奧黛・珍妮Audrey Janet，以及史戴維・安東尼Stévy Antoine、卡洛斯・塞凱拉Carlos Cerqueira和巴黎斐杭狄的糕點主廚們，他們全心投入地傳授關於巧克力的所有知識與技術，懷抱著熱情向大家分享！

Bruno de Monte
布魯諾·德·蒙特
巴黎斐杭狄法國高等廚藝學校校長

SOMMAIRE 目錄

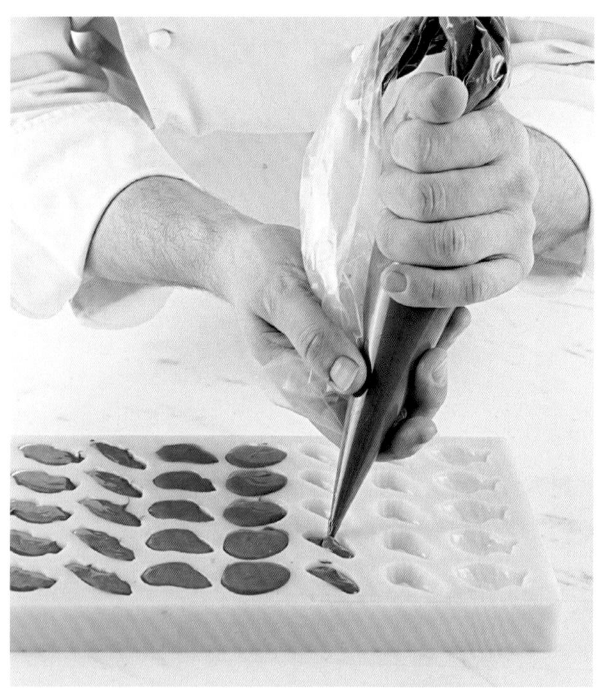

8 Introduction 前言

10 Matériel 器材

18 Les fondamentaux du chocolat 巧克力的基本原則

24 Les techniques 技術

26 Le travail du chocolat 巧克力的調溫與塑形

46 Les crèmes 巧克力奶油醬、內餡

64 Les pâtes 麵團

86 Les bonbons 巧克力糖

110 Les décors 裝飾

128 **Les recettes 配方**

130 Les bonbons 巧克力糖

156 Les barres chocolatées 巧克力棒

166 Les boissons chocolatées 巧克力飲品

178 Les recettes incontournables 必學的經典配方

238 Les petits gâteaux 小巧的多層蛋糕

252 Les recettes sophistiquées 精巧細緻的配方

276 Les desserts à l'assiette 盤式甜點

286 Les desserts glacés 冰品甜點

298 **Index 索引**

304 **Remerciements 致謝**

INTRODUCTION 引言

FERRANDI Paris
en bref
巴黎斐杭狄法國高等廚藝學校 簡介

是生活的場所，也是學校

學校？餐廳？職業訓練中心？研究實驗室？**FERRANDI Paris巴黎斐杭狄**以上皆是：位於聖日耳曼德佩區的神祕區域附近，佔地25000平方公尺的巴黎斐杭狄，是巴黎中心美食生活和飯店管理的真實所在。**FERRANDI Paris**成為法國與國際生活、創新和散發光芒的中心，已近百年之久。百年來，巴黎斐杭狄以專業職場的獨特連結為基礎，創新的教育塑造出數世代的美食和飯店業主廚及職人們。巴黎斐杭狄實際上隸屬於巴黎法蘭西島地區工商會（Chambre de Commerce et de l'Industrie de Région Paris Île-de-France），如同巴黎高等商學院（HEC Paris）、歐洲管理學院（ESCP Europe）、高等經濟商業學院（ESSEC BUSINESS SCHOOL）、GOBELINS 動畫學院…，法國唯一提供從CAP（Certificat d'Aptitudes Professionnelles 職業能力證書）到Master Spécialisé(專業碩士，法國高中生畢業會考文憑 bac+6）等各種美食與飯店培訓的學校，還包括國際課程，難怪被媒體譽為「美食界的哈佛大學」，驕傲地宣示業界文憑考試及格率98%，為法國最高。

與業界的獨特關係

每年培訓的2200名學徒與學生，以及300名來自超過30個國家的國際學生，還有2000名職業進修、或轉職的成人，由上百名具特定專長的教授進行訓練。不但部分教授為法國最佳職人（Meilleurs Ouvriers de France）和廚藝大賽的優勝者，所有的教授都具有在法國和國際知名餐廳裡工作10年以上的經驗。其他的機構，如歐洲管理學院、巴黎高等農藝科學學院（Agroparitech）、法國時尚學院（l'Institut Français de la Mode），或是在國際上與香港理工大學（The Hong Kong Polytechnic University）、加拿大魁北克觀光與飯店研究所（ITHQ）、中國旅遊研究所（l'Institut of Tourism Studies）、強生威爾斯大學（Johnson and Wales University）等學校合作，教學合作夥伴關係也讓培訓課程更加豐富，確保向世界開放。由於理論與實作密不可分，也由於**FERRANDI Paris巴黎斐杭狄**的教育奠基於卓越，在與料理界主要協會（法國星級大廚協會Maîtres Cuisiniers de France、法國最佳職人協會 Société des Meilleurs Ouvriers de France、歐洲首席廚師協會 Euro-Toques…）的合作關係下，學生也會參與官方活動，以及學院內許多知名競賽和獎項的籌辦，確保最多進行實作的機會！

從糕點到巧克力

FERRANDI Paris巴黎斐杭狄的專業技術結合實作，以及與職人的密切合作，並透過兩本先後以料理和糕點為主題的著作傳播。這些著作已譯為數種語言並大量印製推廣，既切合專業人士，也適合一般大衆，書籍的成功讓我們想要提供更多關於特定領域的專業知識，例如巧克力，並以專題作品的方式呈現。

人見人愛的巧克力！

巧克力在甜食中佔據著獨特的地位，令人著迷。高貴而複雜的原料，很適合用來製作巧克力糖或構思無數美味的糕點，可為經典的甜點帶來變化，或是挑戰創意的極限。巧克力的調溫與塑形需要相當特殊的技術，受到全世界喜愛的巧克力適合各種變化和狂想。在本書中，不論是黑巧克力、牛奶巧克力，還是白巧克力，我們將探索巧克力的各種面向，讓讀者無論是在家，還是在專業的條件下，都能讓製作巧克力的技術更臻於完善。既然每個人都無法抗拒巧克力糕點，**FERRANDI Paris巴黎斐杭狄**自然也不例外，極其嚴謹便能造就極致美味。

FERRANDI
PARIS

器材 MATÉRIEL

USTENSILES 用具

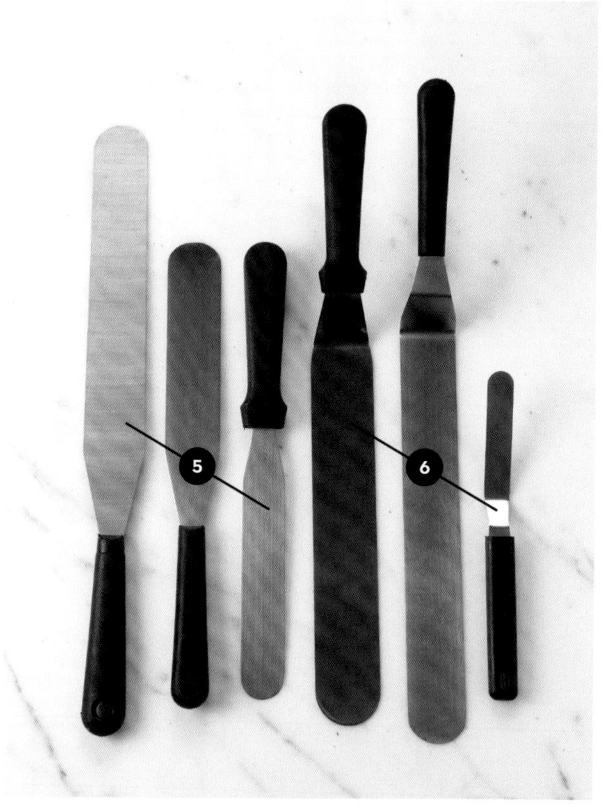

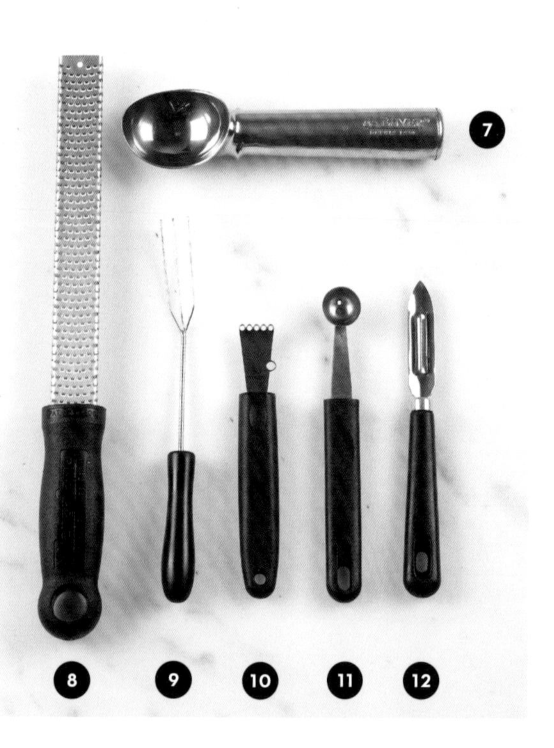

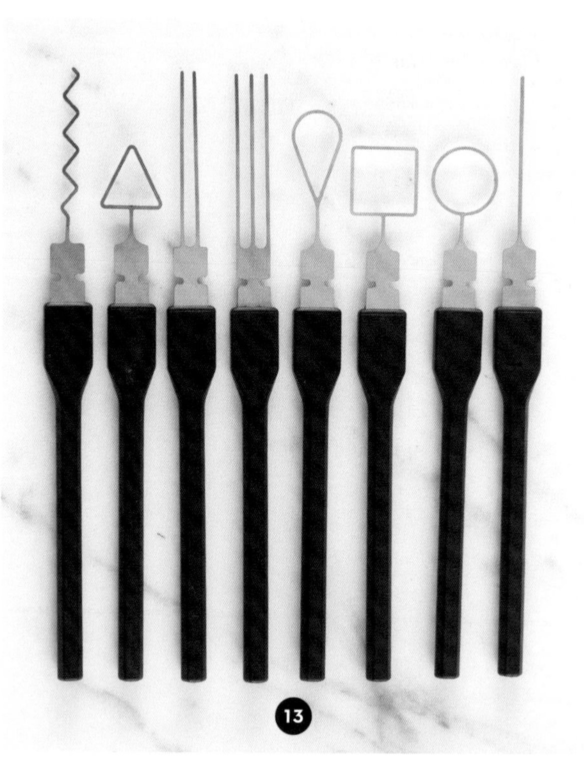

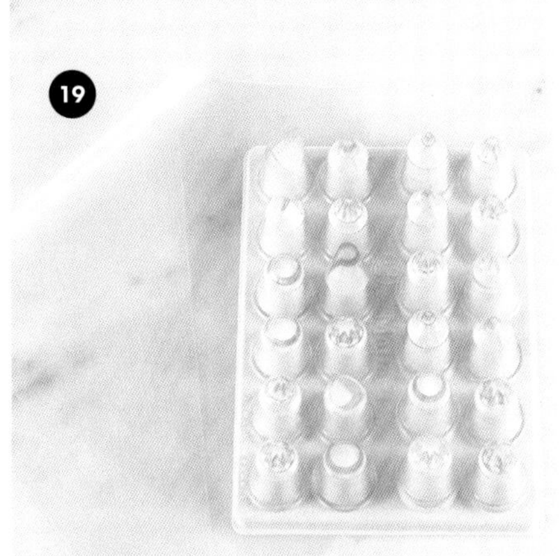

1. Couteau de tour 主廚刀
2. Couteau-scie 鋸齒刀
3. Filet de sole 魚刀
4. Couteau d'office 水果刀
5. Palettes 抹刀
6. Palettes coudées 曲型抹刀
7. Cuillère à glace 冰淇淋挖勺
8. Râpe Microplane® 刨刀
9. Fourchette à chocolat à tremper 調溫巧克力叉
10. Zesteur-canneleur 溝紋削皮刀
11. Cuillère parisienne ou à boule 水果挖球器
12. Éplucheur économe 削皮刀
13. Fourchettes à tremper 調溫巧克力叉 (zig zag, triangle, deux dents, trois dents, goutte, carré, rond, une dent) （鋸齒狀、三角形、雙齒、三齒、水滴狀、方形、圓形、單齒）
14. Corne 刮板
15. Spatules Exoglass® 刮刀
16. Maryses 橡皮刮刀
17. Fouet allongé 球狀打蛋器
18. Guitare Inox 不鏽鋼巧克力切割器
19. Poche à douille jetable en polyéthylène 拋棄式聚乙烯擠花袋
20. Douilles en polycarbonate 聚碳酸酯花嘴
21. Film étirable ou film 保鮮膜
22. Bande de Rhodoïd 圍邊玻璃紙
23. Feuille guitare 巧克力造型專用紙
24. Papier sulfurisé 烤盤紙

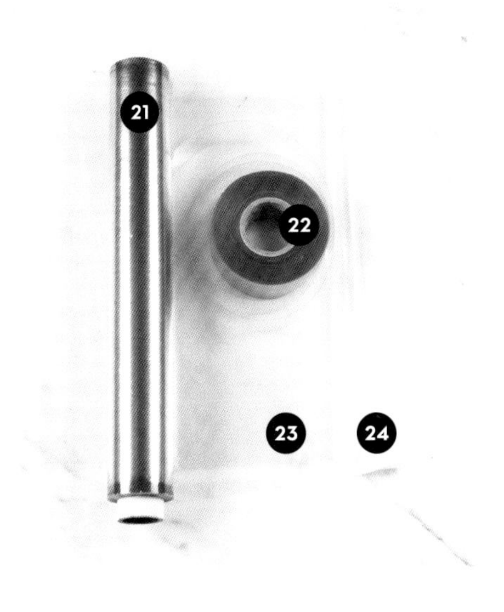

USTENSILES 用具（接續上頁）

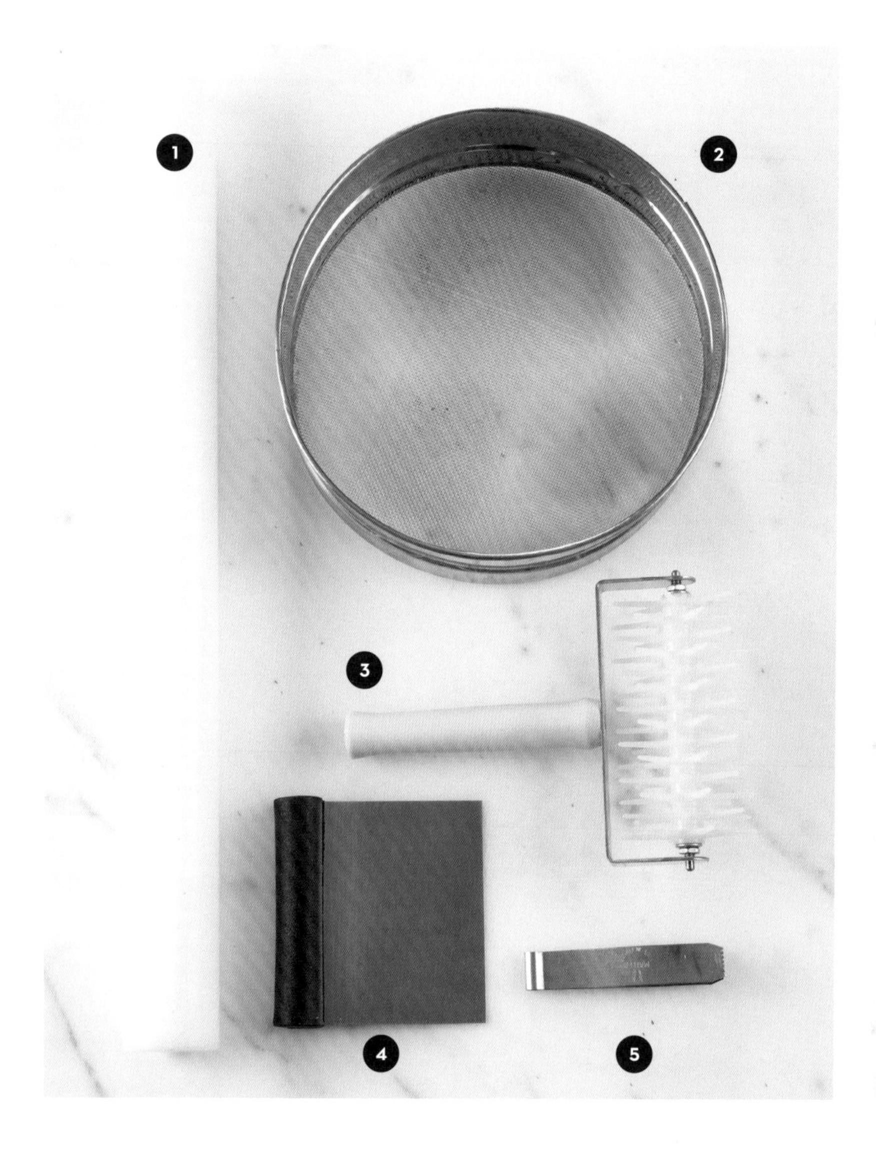

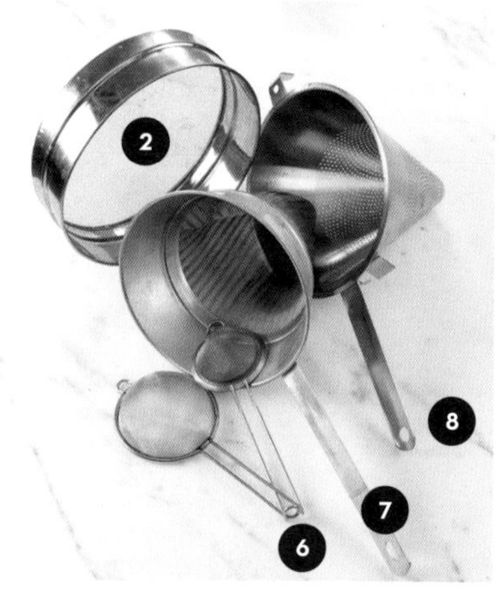

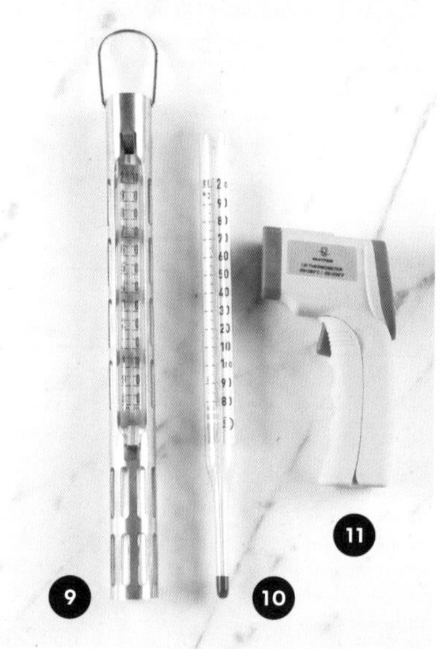

1. Rouleau à pâtisserie 擀麵棍
2. Tamis 網篩
3. Rouleau « pic-vite » 烘焙滾針
4. Coupe-pâte 切麵刀
5. Pince à tarte 派皮花邊夾
6. Passettes 小濾網
7. Passoire-étamine dit chinois-étamine 漏斗型網篩
8. Étamine dit chinois 漏斗型濾器
9. Thermomètre à sucre (80 à 220°C) 煮糖溫度計
10. Thermomètre à crème anglaise (-10 à 120°C) 英式奶油醬溫度計
11. Thermomètre infrarouge à visée laser (-50 à 280°C) 紅外線雷射溫度計
12. Bassines à fond plat en acier inoxydable 平底不鏽鋼盆

ÉLECTROMÉNAGER 家電

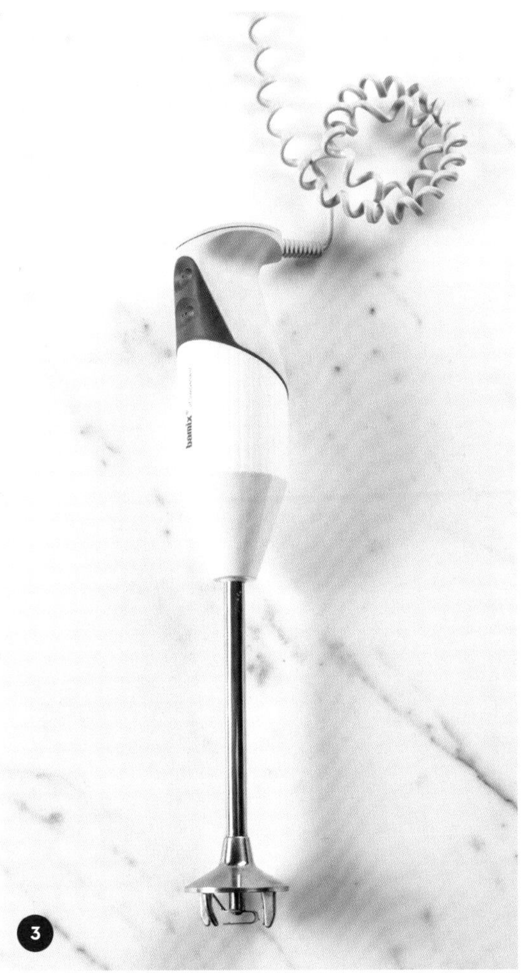

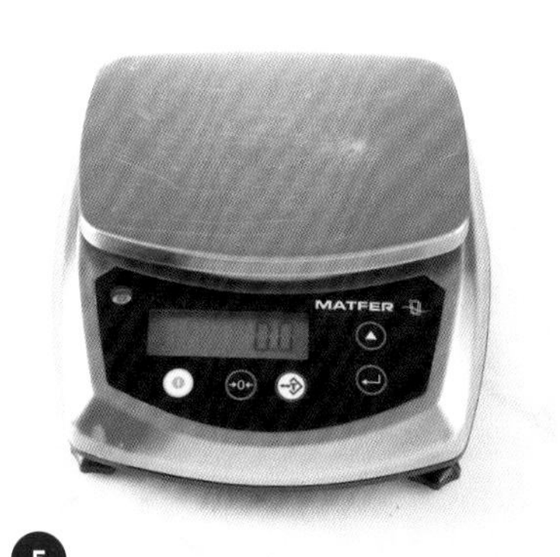

1. Robot pâtissier
   電動攪拌機
   avec crochet **(A)**,
   搭配攪麵鉤
   fouet **(B)**
   球狀打蛋器
   et feuille **(C)**和攪拌槳
2. Robot-coupe
   avec lame en « S »
   裝有S刀片的食物調理機
3. Mixeur plongeant
   手持電動攪拌棒
4. Trempeuse d'appoint
   pour fonte et maintien
   de température
   du chocolat
   用來融化並維持巧克力
   溫度的巧克力保溫鍋
5. Balance électronique
   電子秤

AUTOUR DU MOULE 模型周邊

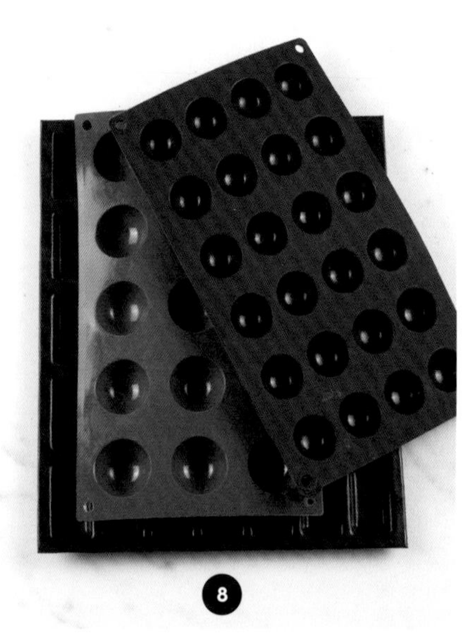

1. Moule à cake
   en acier inoxydable
   不鏽鋼長方形蛋糕模
2. Moules à brioche 布里歐麵包模
3. Moules à canelés
   en cuivre 銅製可麗露模
4. Moules à manqué à revêtement
   antiadhésif
   不沾塗層高邊蛋糕模
5. Moule à tarte à revêtement
   antiadhésif 不沾塗層塔模
6. Moule à charlotte à revêtement
   antiadhésif 不沾塗層夏洛特模
7. Plaque à madeleine
   à acier inoxydable
   不鏽鋼瑪德蓮烤盤
8. Moules souples
   en silicones(différentes formes)
   (不同形狀）矽膠軟模
9. Moules pour friture, coque et
   tablette en chocolat
   魚形、貝殼和磚形巧克力模
10. Cercle à entremets 慕斯圈
11. Cercle à tarte 法式塔圈
12. Carré à entremets 正方框模
13. Cadre à entremets 長方框模
14. Tapis silicone 矽膠烤墊
15. Grille rectangulaire à pied en
    acier inoxydable
    不鏽鋼方形網架
16. Grille ronde à pied
    en acier inoxydable
    不鏽鋼圓形網架
17. Plaque en acier inoxydable
    不鏽鋼烤盤
18. Plaque perforée en acier
    inoxydable 不鏽鋼沖孔烤盤
19. Plaque à confiserie en acier
    inoxydable
    不鏽鋼巧克力糖方盤

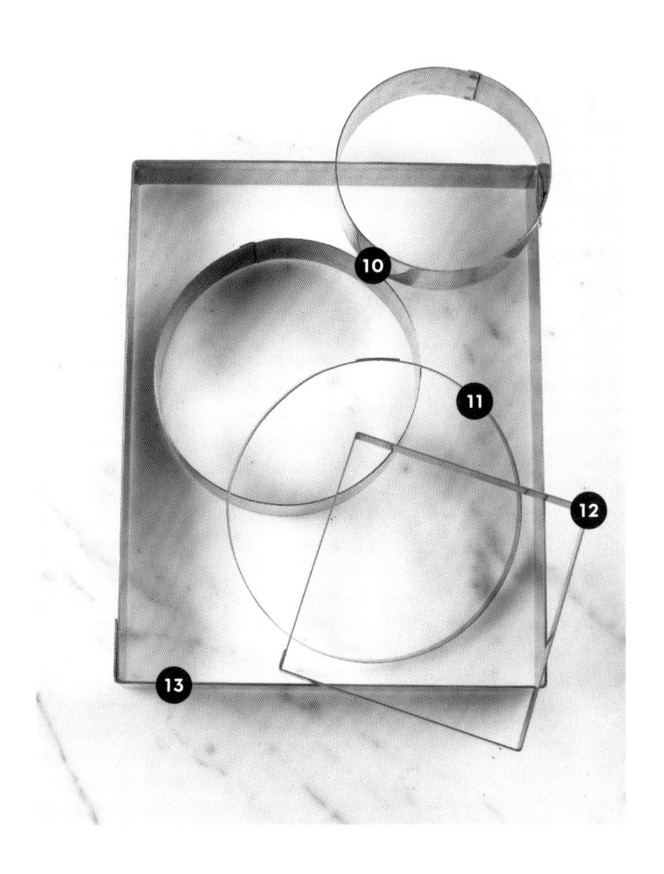
10
11
12
13

EXOPAT MATFER
EXOPAT MATFER
J 41
14

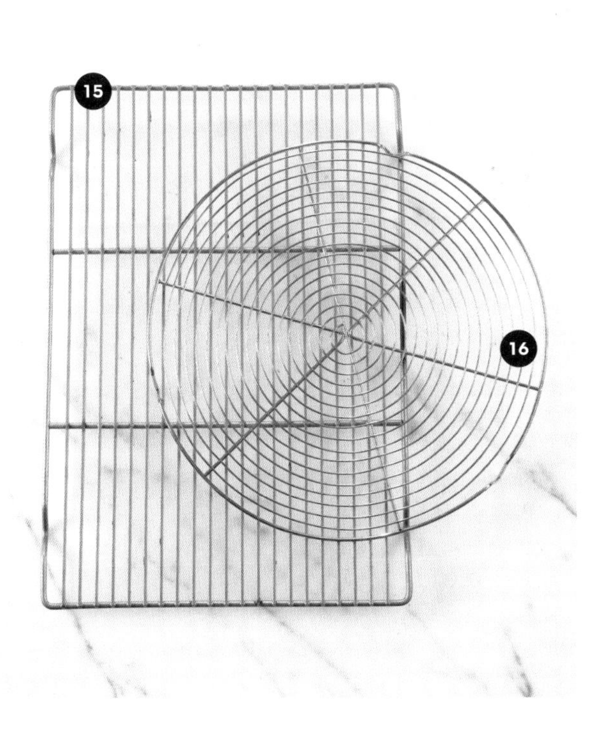
15
16

17
18
19

LES FONDAMENTAUX DU CHOCOLAT 巧克力的基本原則

十個人裡有九個人都愛巧克力，剩下的一個在說謊！這是一種誘發食慾和創意的獨特食材，因為味道和口感的多變而令人著迷，也能在蛋糕、奶油醬、巧克力磚或巧克力糖中找到。以下是關於巧克力的重要知識，這是一種具風土特色的食材，以獨特的專業知識與特殊技術，將來自可可樹的植物製成巧克力。

神的飲料

Theobroma cacao L.是可可樹的植物名（希臘文的「神的飲料」），源自墨西哥：對馬雅人和阿茲特克人來說，可可是神聖的。約在3000年前馴化的可可樹，實際上在中美洲文明裡佔據著獨特的地位，構成了經濟與宗教。阿茲特克的 ***xocolatl（巧克力）*** 只有在節慶時以飲料的形式，供達官貴人和戰士享用，而它的味道與今日的巧克力相去甚遠，還會用玉米、胡椒、花、辣椒、香草或蜂蜜調味。1519年，蒙特蘇馬（Montezuma）皇帝讓征服者柯爾特斯（Cortez）以金杯喝下巧克力，後者當時並不怎麼喜愛…，但仍沒阻止他在1528年將可可豆帶回給查理五世（Charles Quint）。西班牙宮廷因而迷戀上熱巧克力，因為這神奇飲品所提供的藥效，漸漸地征服了全歐洲。在法國則是奧地利的西班牙公主安妮，在1615年讓她的丈夫路易十三認識巧克力…，很快地整個法國宮廷也為之風靡。

在十九世紀前只有上流階級人士可以享用，而且只以飲料形式飲用。一直到1828年荷蘭人范・豪騰（Van Houten）發明了可可脂的萃取和可可粉的製造法，從此改變了局面。在工業製造時，可以量化脫脂可可粉和可可脂的份量。1879年，因Lindt（中譯：瑞士蓮）發明了精磨（conchage）技術，製造出可入口即化的磚形巧克力，讓巧克力變成可以嚼食。1875年，牛奶巧克力的發明讓巧克力成為受普羅大眾喜愛的產品，二十世紀則讓巧克力的食用變得普及。

不同品種的可可樹

唯有赤道的濕熱氣候才能讓原產自亞馬遜地區的可可樹蓬勃生長。今日，可可主要生長在西非、中美洲、拉丁美洲和亞洲。象牙海岸佔世界超過30%的產量，巴西和印尼一樣約佔10%。如同葡萄酒，即使不同的品種，不同的風土條件，仍展現出相當多元的味道，並受到可可專門的重要加工程序（發酵、乾燥、烘焙）所強化，這說明了巧克力廣大的芳香範圍，以及總是能令我們驚豔的能力。

De la cabosse au chocolat
從可可果到巧克力

可可樹高度約為4至10公尺，終年開花，所生產的果實為可可果：可可果並沒有季節性。黃色、紅色、橘色或淡藍色的可可果約15至30公分長，含有30至40顆可可豆。

從可可果到可可豆
在成熟時採收的可可果已半開，因而可收集可可豆，但可可豆仍被稱為「黏液mucilage」的白色果肉所包圍。放入木箱進行發酵時，果肉會液化，散發出香氣並使豆子染色。這時進行乾燥，以中止發酵。因而形成「商用可可」，進行裝袋後再運送至加工廠。

從可可豆到可可
經篩選和除塵的可可豆會以紅外線消毒，接著在旋轉烤箱中以100-150°C進行烘焙，發展出具特色的香氣。這時會進行去殼，接著磨碎。這些烘焙的可可豆碎片被稱為「可可粒grué或nibs」，可可粒經研磨後會形成可可膏。此時的可可膏會以高壓加工壓榨成兩種產品：脫脂可可粉和可可脂。接著將可可脂過濾、脫臭，再以塊狀或鈕扣狀販售。

從可可到巧克力
這時開始進行巧克力的製造，混合可可膏、可可脂和糖。若要製作牛奶巧克力，會在混合物中添加奶粉，而白巧克力則不含可可膏。經拌合、研磨的巧克力接著會放入槽中精磨，也就是漫長的攪拌過程：這是可以發展出香氣，保障巧克力最終質地和品質的決定性階段。有時富含乳化劑（大豆或葵花卵磷脂）、香氣（最常見的是香草），接著再以巧克力調溫機（tempéreuse）調溫，並塑成磚形、鈕扣形、方塊、磚形…

Les variétés de cacaoyers
可可樹的品種

Le forastero 法里斯特羅
構成世界產量的80%，主要種植於非洲、巴西、厄瓜多和圭亞那，特別結實多產，但明顯的單寧味讓它變得較苦澀。

Le criollo 克里奧羅
佔世界產量的5%，主要種植於中美洲和亞洲，這種品種的產量不高，產出的可可單寧味較淡，帶有紅色莓果和堅果的香氣，最著名…而且也最昂貴。

Le trinitario 千里達
佔世界產量的15%，由克里奧羅和法里斯特羅雜交而來：強健，但產量不如法里斯特羅，香氣特別濃郁。

Les différents types de chocolat
不同種類的巧克力

可可的百分比意味著，來自使用可可樹的產品總量中，含有可可膏與可可脂的比例。我們無法用這樣的百分比來判斷巧克力的味道，就如同我們無法用酒精濃度來預測葡萄酒的味道：依據來源、發酵、烘焙和精煉（conchage）、香氣（木頭味、花香、果味⋯）的不同，可可會發展出不同的濃郁度。為了瞭解可可不同的風土和產區，可培養以開放的態度進行品嚐的習慣，這個好習慣有助於找出最符合個人喜好⋯，和最佳配方的巧克力。實際上，如果在配方中使用某種巧克力，任何的變化都會對最終成品帶來明顯影響。

Chocolat noir 黑巧克力

由35%的可可膏所組成，至少含31%的可可脂，但也有糖，亦可能含有極高的可可含量，也可能含有天然的乳化劑：(大豆或葵花) 卵磷脂。

Chocolat au lait 牛奶巧克力

由至少25%的可可膏、糖、奶粉，以及卵磷脂和香草所組成。

Chocolat blanc 白巧克力

由至少20%的可可脂、14%的奶粉和糖組成，經常以香草調味，這是唯一不含可可膏的巧克力。我們也能找到染色的白巧克力，可作為裝飾用。

Chocolats de couverture 覆蓋巧克力

這是富含可可脂的巧克力，可更輕易融化、更具流動性，因而在冷卻時形成更輕薄的質地。經過調溫後可用於塑形、磚形、糖衣⋯。覆蓋巧克力必須含有至少31%的可可脂和2.5%的脫脂固態可可才能冠上這個名稱。覆蓋牛奶巧克力應含有至少31%的脂肪，而覆蓋白巧克力應含有20%的可可脂、14%的牛乳固形物，其中包括3.5%的乳脂（來自奶粉的脂肪），以及最多55%的糖。

其他的巧克力

近年來，巧克力製造業已推出許多以自然加工程序製成的各種口味新產品：果粒巧克力、牛奶焦糖口味巧克力⋯，口感和味道都有別於傳統的巧克力。

那植物油呢?

自2000年起，歐洲共同體允許使用其他的植物油（乳油木、芒果、婆羅樹脂illipé⋯）來取代可可脂，但許可範圍為成品的5%。請閱讀標籤說明，並優先選擇可可脂含量100%的產品。

Comment bien le conserver ?

如何良好保存?

巧克力理想上應以不透明密封罐保存在16°C不會受潮的乾燥處。由於含有可可脂，巧克力會吸收味道，因此必須適當包裝。巧克力也很容易吸收水分（這說明了為何不建議將巧克力冷藏保存），而且對光線敏感，光會影響到巧克力的保存和口感的脆度。

La mise au point, une étape-clé

關鍵的調溫階段

巧克力的調溫與塑形需要精準度，而且必須確切瞭解可可脂凝固的現象，以取得良好的結果。運用巧克力的重要階段：調溫（mise au point，過去稱為tempérage），亦稱為預結晶（précristallisation），可穩定巧克力所含的可可脂，並形成光澤和完美的脆度。未經過調溫的巧克力會暗淡無光，甚至發白、厚重、易碎，而且不易保存，若要製作巧克力糖和塑形，調溫是必須掌握的技術。但只要搭配溫度計，加上一些實作練習，並選擇最適合你的方法，這本書會帶領你走向成功！

主要階段

首先應將巧克力融化，最好是提前24小時，讓巧克力的結晶完全融化，接著再降至可可脂開始再度結晶的溫度，接著再讓溫度升至略高於可可脂，再變為液體，而且可以加工的溫度：硬化時，巧克力可保留光澤度和脆度，因為可可脂會在較穩定的型態下結晶。構成可可脂的5種不同的油脂分子會各自在不同的溫度融化，調溫是唯一可讓可可脂形成β（bêta）型態的方法。這個型態最穩定，可確保光澤度、硬度、入口即化度和保存。

這就是必須熟悉不同巧克力加工溫度的原因：黑巧克力、牛奶巧克力和白巧克力所要遵循的溫度曲線都不同。你可選擇最自在的方式：隔水加熱bain-marie（28頁）、播種ensemencement（32頁），或大理石調溫tablage（30頁）。

那比例呢?

少量的覆蓋巧克力很難融化，因為份量在整體溫度的調節上扮演著重要角色。即使配方不符合你的需求也不要縮減成小份量，以免無法達到預期效果。如果無法將全部的覆蓋巧克力用完，記得巧克力可再硬化，而且可用於其他的配方，而不會損害品質和質地。

Températures de travail des chocolats
巧克力加工溫度

TYPE DE CHOCOLAT 巧克力種類	TEMPÉRATURE DE FONTE 融化溫度	TEMPÉRATURE DE PRÉ-CRISTALLISATION 預結晶溫度	TEMPÉRATURE DE TRAVAIL 加工溫度
Chocolat noir 黑巧克力	50-55℃	28-29℃	31-32℃
Chocolat au lait 牛奶巧克力	45-50℃	27-28℃	29-30℃
Chocolat blanc ou de couleur 白巧克力或有色巧克力	45℃	26-27℃	28-29℃

Courbes de tempérage 調溫曲線

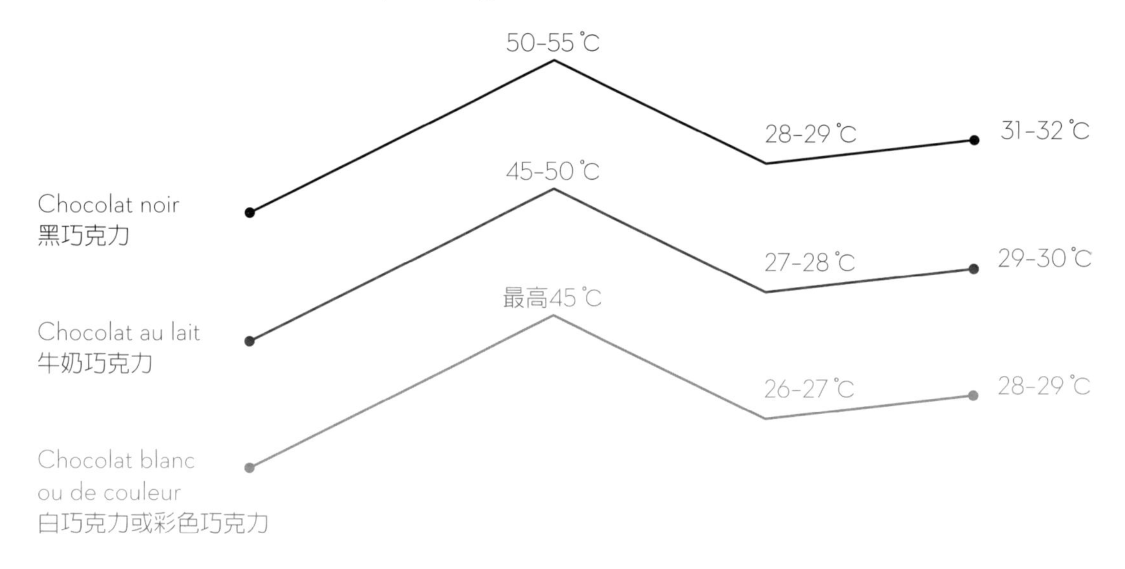

Comment reconnaître un chocolat bien mis au point ?
如何辨識經適當調溫的巧克力?

CHOCOLAT MIS AU POINT 經過調溫的巧克力	CHOCOLAT MAL OU INSUFFISAMMENT CRISTALLISÉ 結晶失敗或不足的巧克力
帶有光澤	缺乏光澤
堅硬	一碰到手指便快速融化
容易脫模，因為冷卻後會收縮	難以脫模
香氣濃郁	褪色成灰白色
入口時有令人愉悅的融化口感	顆粒狀結構
可良好保存	保存時間短
斷裂整齊	脂肪快速褪色

Principaux défauts des chocolats lors du travail et des moulages
巧克力加工與塑形時的重大缺失

覆蓋巧克力在加工時變得稠厚。	
原因	巧克力結晶變大（冷卻時）。 在脂肪中混入空氣：這會增加整體的體積。
補救方法	勿過度攪拌，以免在巧克力中混入空氣。 加入少許熱的覆蓋巧克力，或是再度加熱。
巧克力缺乏光澤。	
原因	調溫錯誤。場所和／或冰箱太冷。 模型或塑膠紙髒污。
補救方法	加工溫度必須介於19 至 23℃之間，而冷藏溫度介於8 至 12℃之間。 模型和塑膠紙必須潔淨：用棉片擦拭。
巧克力脫模時不規則且斷裂。	
原因	調溫溫度太低，在溫度過冷的模型中降溫。
補救方法	遵照調溫曲線。模型和塑膠紙必須潔淨：用棉花擦拭。 模型必須是涼的（22℃）。
巧克力脫模時泛白（顏色暗淡且不當收縮）。	
原因	在溫度過冷的模型中降溫。
補救方法	遵照調溫曲線。控制溫度。 模型必須是涼的（20-22℃）。
巧克力無法脫模，外層會黏在模型上，形成斑點。	
原因	在溫度過高的模型中降溫，調溫錯誤。
補救方法	調整模型溫度至低溫。
巧克力產生裂紋或碎裂。	
原因	溫度下降過快。
補救方法	待工作檯上的巧克力凝固後再以8 至 12℃的溫度冷藏。
巧克力泛白。	
原因	調溫溫度過高，並以過低的溫度冷藏。 碰到水分（冷凝）。 錯誤調溫。
補救方法	遵照調溫曲線，控制溫度。 冷藏溫度必須介於8 至 12℃之間。
巧克力有痕跡不光亮。	
原因	模型髒污且沒有擦乾淨（缺乏光澤）。
補救方法	用棉片蘸90° 的酒精將模型擦乾淨。 再用乾棉片擦拭模型。

技術
LES TECHNIQUES

MISE AU POINT DU CHOCOLAT AU BAIN-MARIE
隔水加熱調溫法 28

MISE AU POINT DU CHOCOLAT PAR TABLAGE
大理石調溫法 30

MISE AU POINT DU CHOCOLAT PAR ENSEMENCEMENT
播種調溫法 32

MOULAGE TABLETTES AU CHOCOLAT
巧克力磚塑形 34

MOULAGE TABLETTES FOURRÉES
夾心巧克力磚塑形 36

MOULAGE TABLETTES MENDIANT
綜合堅果巧克力磚塑形 40

MOULAGE DEMI-OEUFS EN CHOCOLAT
半蛋形巧克力塑形 42

MOULAGE DE FRITURE
魚形巧克力塑形 44

LE TRAVAIL DU CHOCOLAT

巧克力的調溫與塑形

Mise au point du chocolat au bain-marie
隔水加熱調溫法

準備時間
25分鐘

器材
刮刀
溫度計

材料
覆蓋黑巧克力（chocolat de couverture）、
牛奶巧克力或白巧克力

1• 在隔水加熱的碗中放入切成碎塊的巧克力，加熱至50℃讓黑巧克力融化，或是加熱至45℃讓牛奶巧克力或白巧克力融化。

2• 在巧克力融化時，將碗擺在另一個裝有冰塊和水的不鏽鋼盆中。攪拌，讓巧克力降溫。

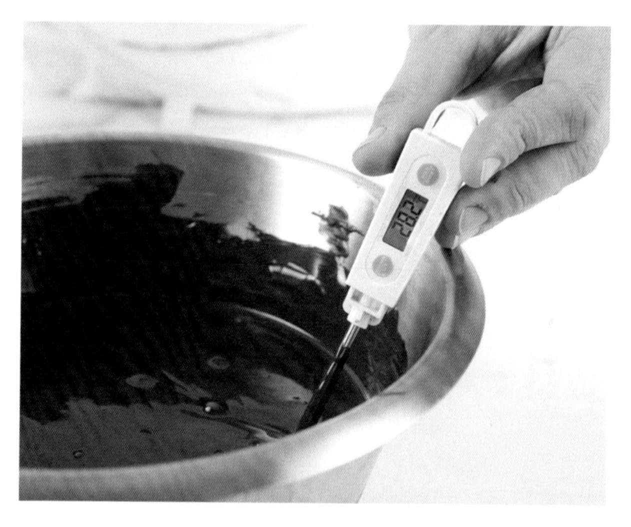

3• 在黑巧克力達28-29℃，牛奶巧克力達27-28℃，白巧克力達26-27℃時，再度將不鏽鋼盆隔水加熱，讓溫度上升（分別達31-32℃、29-30℃ 和28-29℃）。

Mise au point du chocolat par tablage
大理石調溫法

準備時間
25分鐘

器材
曲型抹刀（Palette coudée）
刮刀
溫度計

材料
覆蓋黑巧克力、牛奶巧克力或
白巧克力

1• 在隔水加熱的碗中放入切成碎塊的巧克力，加熱至50℃讓黑巧克力融化，或是加熱至45℃讓牛奶巧克力或白巧克力融化。在巧克力融化時，將2/3的巧克力倒在大理石上降溫。

2 • 用曲型抹刀和刮刀將巧克力由外向內帶。

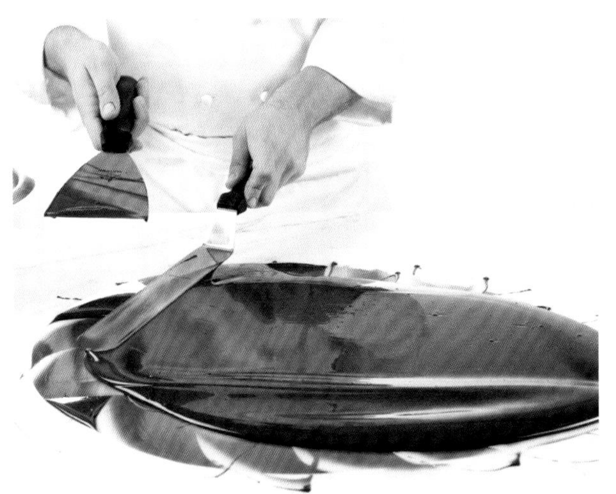

3 • 接著再度鋪開。重複同樣的步驟，讓溫度下降。

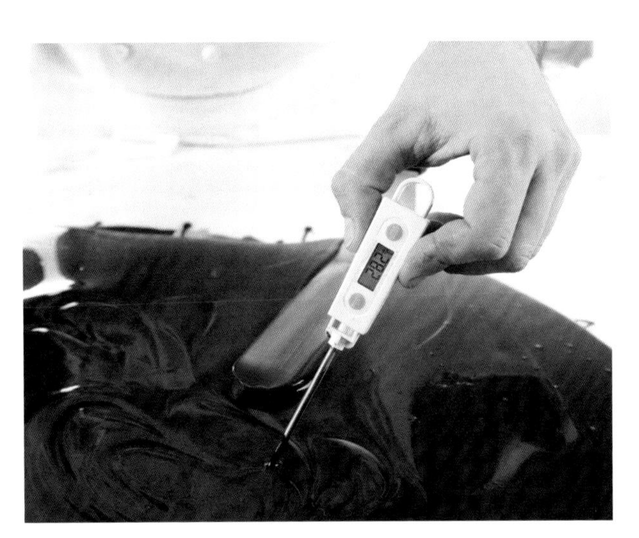

4 • 在黑巧克力的溫度達28-29°C，牛奶巧克力達27-28°C，白巧克力達26-27°C時，再加熱讓溫度上升。

5 • 逐步將融化巧克力倒入不鏽鋼盆和剩餘的熱巧克力混合，隔水加熱直到黑巧克力達31-32°C，牛奶巧克力達29-30°C，而白巧克力達28-29°C。

Mise au point du chocolat par ensemencement
播種調溫法

準備時間
20分鐘

器材
碗
橡皮刮刀
溫度計

材料
覆蓋黑巧克力
（chocolat de couverture）、
牛奶巧克力或白巧克力

1• 在隔水加熱的碗中放入2/3切成碎塊的巧克力，加熱至45℃讓牛奶巧克力或白巧克力融化，或是加熱至50℃讓黑巧克力融化。用橡皮刮刀拌勻，讓巧克力均勻融化。

2• 將最後1/3的巧克力切塊。加入融化的巧克力中。

3• 用橡皮刮刀拌勻。黑巧克力應到達28℃的預結晶溫度，牛奶巧克力應到達27-28℃，白巧克力應到達26℃。

4 • 將裝有巧克力的不鏽鋼盆再度隔水加熱，讓巧克力的溫度稍微升高：黑巧克力31-32℃，牛奶巧克力29-30℃，白巧克力28-29℃。

Moulage tablette au chocolat
巧克力磚塑形

準備時間
10分鐘

加熱時間
15分鐘

凝固時間
20分鐘

收縮時間
30分鐘

保存時間
以密封罐妥善包裝並擺在遠離熱源處，保存可達1至2個月

器材
巧克力磚模型
擠花袋
溫度計

材料
覆蓋黑巧克力（chocolat de couverture）、牛奶巧克力或白巧克力（見28至32頁技術）
堅果（榛果、杏仁…）

1• 將堅果鋪在裝有烤盤紙的烤盤上。入烤箱以150°C（溫控器 5）烘焙約15分鐘左右。在（無花嘴）擠花袋中填入完成調溫的巧克力。擠在磚形模中，填至與邊緣齊平。

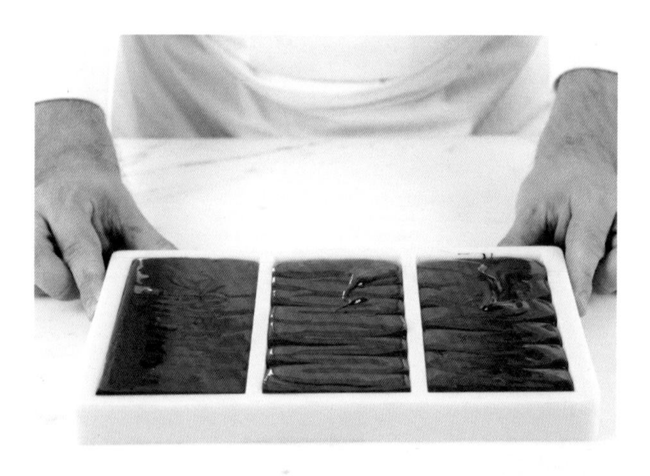

2• 輕敲模型以避免氣泡形成。

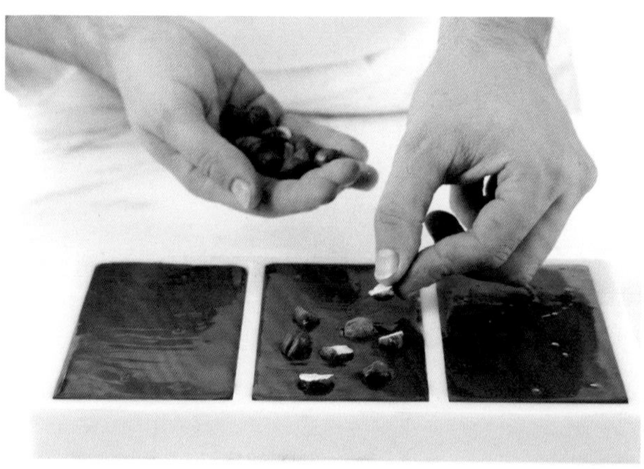

3• 將冷卻的堅果擺在尚未凝固的巧克力上。

TRUCS **ET** ASTUCES **DE** CHEFS 必學主廚技巧

・將巧克力入模前，應先檢查模型狀態。
有刮痕或髒污的模型會使巧克力無法適當收縮。
因此，請使用棉片和竹籤清潔細部。

4・讓巧克力凝固後再倒扣脫模。

TRUCS **ET** ASTUCES **DE** CHEFS
必學主廚技巧

・務必先讓模型回到常溫後再脫模，
即 20 至 22℃之間。

Moulage de tablettes fourrées
夾心巧克力磚塑形

300克的巧克力磚5片

準備時間
1小時

浸泡時間
30分鐘

凝固時間
30分鐘

保存時間
以密封罐妥善包裝並擺在遠離
熱源處，保存可達20日

器材
漏斗型濾器
打蛋器
手持式電動攪拌棒
巧克力磚模型（Moules à tablettes de chocolat）
擠花袋
刮刀
溫度計

材料

巧克力磚（Tablettes chocolat）
覆蓋黑巧克力（chocolat de couverture）（見技術第34頁）1公斤

洋梨餡料 Fourrage poire
西洋梨果泥（purée de poire williams）150克
山椒粒（baies sancho）2克
檸檬汁5克
糖30克＋110克
黃色果膠9克
異麥芽酮糖醇（巴糖醇，isomalt）66克
葡萄糖66克
西洋梨酒（alcool de poire）30克

1• 為巧克力調溫，填入磚形模中，接著倒扣，以去除多餘的巧克力，並用刮刀將邊緣刮乾淨。靜置凝固20分鐘。

2・在平底深鍋中，將洋梨果泥加熱至50℃，加入山椒粒，浸泡30分鐘。

3・過濾西洋梨果泥。

4・將過濾後的果泥和檸檬汁一起再倒回鍋中，加熱至70℃。加入30克預先混入果膠的砂糖，煮沸。

5・加入110克剩餘的糖、巴糖醇和葡萄糖，以中火煮沸2分鐘。倒入酒，接著放涼至28℃。

Moulage de tablettes fourrées (suite)
夾心巧克力磚塑形（續前頁）

6 • 用手持電動攪拌棒攪拌至形成均勻果凝。填入擠花袋中，擠在已凝結的巧克力磚上，在常溫下凝固。

7 • 用擠花袋在磚形模中鋪上薄薄一層巧克力。

8 • 用刮刀刮去多餘的巧克力，冷藏凝固約15分鐘。

9 • 輕輕脫模。

FERRANDI
PARIS

FERRAND
FERRANDI
PARIS

Moulage de tablettes mendiant
綜合堅果巧克力磚塑形

300克的巧克力磚5片

準備時間
20分鐘

加熱時間
15分鐘

凝固時間
1小時

保存時間
以密封罐妥善包裝並擺在遠離熱源處，保存可達1至2個月

器材
巧克力磚模型
擠花袋
矽膠烤墊
溫度計

材料

巧克力磚
覆蓋黑巧克力（chocolat de couverture）（見28至32頁的技術）
300克

綜合堅果基底 Base mendiant
蛋白50克
杏仁75克
榛果75克
松子75克
鹽之花1克
開心果75克
糖漬柳橙75克

1• 用打蛋器將碗中的蛋白攪打成泡沫狀。加入杏仁、榛果、松子和鹽之花。

2• 混合打發蛋白和堅果，鋪在裝有矽膠烤墊的烤盤上，接著放入烤箱以 150°C（溫控器 5）烘焙15分鐘。

3 • 完全放涼後再裝入碗中。

4 • 加入切丁的開心果和糖漬柳橙，將堅果與水果混料分裝至磚形模底部。

5 • 用擠花袋將完成調溫的巧克力（見28至32頁技術）擠在磚形模中。以16℃靜置凝固1小時，或是冷藏20分鐘後再倒扣脫模。

Moulage de demi-œufs en chocolat
半蛋形巧克力塑形

準備時間
10分鐘

凝固時間
20分鐘

收縮時間
30分鐘

保存時間
以密封罐妥善包裝並擺在遠離熱源處，保存可達1至2個月

器材
半蛋形巧克力模型
刮刀
溫度計

材料
覆蓋黑巧克力（chocolat de couverture）、牛奶巧克力或白巧克力（見技術第28至32頁）

1• 將完成調溫的巧克力倒入模型凹槽。可預先用糕點刷刷上薄薄一層巧克力，或依想要的巧克力厚度重複1至3的步驟2次。

2• 填至與模型邊緣齊平，輕敲模型以避免氣泡形成。

3 • 將模型倒置，以去除多餘的巧克力。

4 • 用刮刀刮過模型表面，形成潔淨的邊緣。

5 • 讓巧克力在倒置的模型中凝固約5分鐘，用刮刀或水果刀將巧克力切齊整平，形成整潔的模型邊緣。

6 • 最好讓巧克力在18°C收縮，或是擺在冰箱上層30分鐘。脫模時，你會看到模型和巧克力殼之間有空隙，輕輕倒置以脫模。

Moulage de friture
魚形巧克力塑形

準備時間
20分鐘

凝固時間
1小時

保存時間
以密封罐妥善包裝並擺在遠離熱源處，保存可達1個月

器材
塑膠魚形模
擠花袋

材料
覆蓋牛奶巧克力（chocolat de couverture lait）、黑巧克力或白巧克力200克

1• 為巧克力調溫（見28至32頁的技術）。用擠花袋填入每個魚形模的凹槽中，務必不要將模型填至過滿。

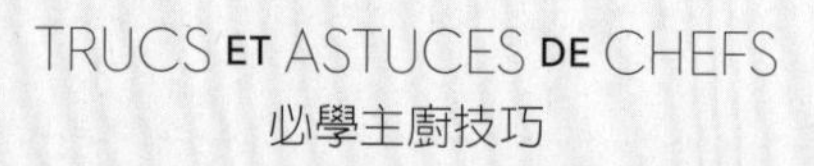

TRUCS ET ASTUCES DE CHEFS
必學主廚技巧

將巧克力入模前，應先檢查模型狀態。
有刮痕或髒污的模型會使巧克力無法適當收縮，
請用軟布將模型的每個凹槽充分擦乾淨。

2• 輕敲模型，接著靜置凝固約1小時。

3• 將模型倒扣在平坦表面，脫模。

GANACHES AU CHOCOLAT
巧克力甘那許 **48**

CRÈME ANGLAISE AU CHOCOLAT
巧克力英式奶油醬 **50**

CRÈME PÂTISSIÈRE AU CHOCOLAT
巧克力卡士達奶油醬 **52**

SAUCE AU CHOCOLAT
巧克力醬 **54**

PANNACOTTA AU CHOCOLAT
巧克力奶酪 **56**

RIZ AU LAIT AU CHOCOLAT
巧克力米布丁 **58**

PÂTE À TARTINER AU CHOCOLAT
巧克力抹醬 **60**

PÂTE À TARTINER CHOCOLAT-PASSION
巧克力百香抹醬 **62**

LES CRÈMES
巧克力奶油醬、內餡

Ganaches au chocolat
巧克力甘那許

300克

準備時間
15分鐘

加熱時間
5分鐘

保存時間
冷藏可達2日

器材
打蛋器
手持式電動攪拌棒
溫度計

材料

黑巧克力甘那許
可可含量62%的覆蓋黑巧克力（chocolat de couverture）130克
脂肪含量35%的液態鮮奶油155克
轉化糖10克
奶油30克

牛奶巧克力甘那許
可可含量35%的覆蓋牛奶巧克力200克
脂肪含量35%的液態鮮奶油150克
轉化糖10克

帕林內打發甘那許
可可含量40%的覆蓋牛奶巧克力65克
榛果帕林內50克
脂肪含量35%的液態鮮奶油70+170克

白巧克力甘那許
可可含量40%的覆蓋牛奶巧克力65克
白巧克力150克
脂肪含量35%的鮮奶油
300克液態鮮奶油70+170克
香草莢1根（非必要）

1• 若要製作牛奶巧克力甘那許，請將預先切成碎塊的巧克力隔水加熱至35°C，讓巧克力融化。在平底深鍋中將鮮奶油和轉化糖加熱至35°C。

2• 將鮮奶油輕輕倒入35°C的融化巧克力中，一邊用打蛋器攪拌。

3• 攪拌至形成平滑的甘那許。若要製作**黑巧克力甘那許**，請混入切成小丁的冷奶油，用手持電動攪拌棒攪打至均勻。

若要製作**帕林內打發甘那許**，請混合切碎的巧克力和榛果帕林內。從上方倒入70克的熱鮮奶油，接著分幾次將剩餘的冷鮮奶油加入甘那許。蓋上保鮮膜，以冷藏方式冷卻後再以打蛋器打發。

若要製作**白巧克力甘那許**，請以製作帕林內打發甘那許的相同方式進行，但將帕林內換成白巧克力。亦可依個人喜好加入香草莢裡的香草籽。

Crème anglaise au chocolat
巧克力英式奶油醬

250克

準備時間
30分鐘

加熱時間
5分鐘

保存時間
冷藏可達48小時

器材
漏斗型濾器
打蛋器
溫度計

材料
全脂牛乳100克
脂肪含量35%的鮮奶油100克
糖30克
蛋黃30克
可可含量64%的黑巧克力50克

1• 在平底深鍋中將牛乳、鮮奶油和一半的糖煮沸。在不鏽鋼盆中，用打蛋器將蛋黃和剩餘的糖攪拌至泛白。

2• 在牛乳煮沸時，將部分牛乳倒入上述蛋糖混合物中，用打蛋器拌勻。

3• 再全部倒回平底深鍋，一邊以刮刀攪拌，繼續煮至濃稠成層（à la nappe），直到溫度達83-85°C。

4 • 用手指在刮刀上劃一條線。如果線條清晰可見，表示奶油醬已煮好。

5 • 奶油醬煮好時，在切成碎塊的巧克力上方過濾奶油醬。

6 • 用打蛋器拌勻。下墊冰塊放涼後再使用。

Crème pâtissière au chocolat
巧克力卡士達奶油醬

250克

準備時間
30分鐘

加熱時間
5分鐘

保存時間
冷藏可達48小時

器材
漏斗型濾器
刮板
打蛋器
網篩
溫度計

材料
全脂牛乳200克
糖40克
香草莢1根
蛋40克
玉米澱粉（amidon de maïs）10克
麵粉10克
奶油20克
可可含量70%的黑巧克力40克
純可可膏10克

1• 在平底深鍋中加熱牛乳、一半的糖和剖半刮出籽的香草莢。

2• 用打蛋器將碗中的蛋和剩餘的糖攪拌至泛白，加入一起過篩的澱粉和麵粉。

3• 煮沸時，將部分牛乳倒入先前的蛋糖混合物中，將備料稀釋並使溫度上升。

TRUCS **ET** ASTUCES **DE** CHEFS 必學主廚技巧

・為了讓卡士達奶油醬快速冷卻，請鋪在裝有保鮮膜的烤盤上，接著在奶油醬表面緊貼上保鮮膜。

・可用 50 克的牛奶巧克力或白巧克力來取代黑巧克力。

4・ 再全部倒回平底深鍋，一邊用力攪拌，並繼續烹煮。煮沸2至3分鐘，烹煮結束時混入塊狀奶油。

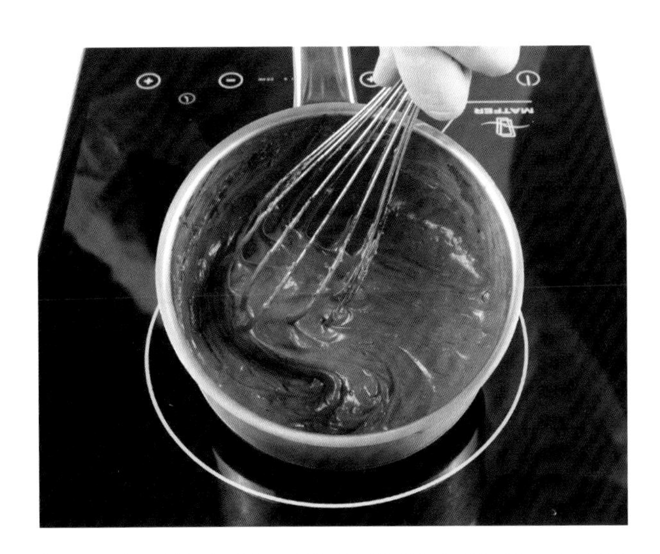

5・ 在卡士達奶油醬中倒入切成碎塊的巧克力，用打蛋器攪拌至整體均勻。

Sauce au chocolat
巧克力醬

550克

準備時間
15分鐘

加熱時間
5分鐘

保存時間
冷藏可達4日

器材
打蛋器
手持式電動攪拌棒
溫度計

材料
全脂牛乳150克
脂肪含量35%的液態鮮奶油130克
葡萄糖漿70克
可可含量70%的黑巧克力200克
鹽1克

1• 在平底深鍋中將牛乳、鮮奶油和葡萄糖漿煮至微滾。

2• 將巧克力切成碎塊。從上方倒入熱的牛乳混料，加入鹽，用打蛋器拌勻。

3• 用手持電動攪拌棒攪打至形成漂亮的乳化狀態。

Pannacotta au chocolat
巧克力奶酪

100克容量6罐

準備時間
20分鐘

冷藏時間
2小時

保存時間
冷藏可達48小時

器材
100克容量的罐子6個
打蛋器
小濾網
溫度計

材料
全脂牛乳200克
脂肪含量35%的鮮奶油300克
吉利丁片4克
可可含量60%的覆蓋黑巧克力（chocolat de couverture）130克

1• 在平底深鍋中將牛乳和鮮奶油煮沸。離火，加入預先用水泡軟並擰乾的吉利丁。

2• 將巧克力切碎，從上方倒入熱牛乳等混料。

3 • 用打蛋器拌勻。

4 • 倒入容器中，冷藏保存至少2小時。

Riz au lait au chocolat
巧克力米布丁

約10盅

準備時間
5分鐘

加熱時間
45分鐘

冷藏時間
1小時

保存時間
冷藏可達48小時

器材
10個烤盅
打蛋器

材料
半脫脂牛乳(lait demi-écrémé)1公升
脂肪含量35%的液態鮮奶油250克
糖70克
香草莢1根
圓米(riz rond，甜點專用)125克
可可含量40%的牛奶巧克力125克

1• 在平底深鍋中將牛乳、鮮奶油煮沸，並加入糖，接著是從剖半的香草莢中刮下的香草籽。

TRUCS ET ASTUCES DE CHEFS
必學主廚技巧

若要增添獨特性，可用3至4根的番紅花蕊，或葡萄、杏桃等果乾來取代香草莢。

2• 以極小的火微滾，將米撒入牛乳中，一邊以打蛋器攪拌。

3 • 持續微滾狀態，在變得濃稠時，不斷攪拌至米完全煮熟。不時品嚐，確認米飯的口感。

4 • 煮好時，加入用刀切碎的巧克力，讓巧克力在米布丁中融化。倒入烤盅，冷藏放涼。

Pâte à tartiner au chocolat
巧克力抹醬

250毫升的玻璃罐6個

準備時間
15分鐘

凝固時間
1小時

保存時間
冷藏可達2周

器材
250毫升的玻璃罐6個
手持式電動攪拌棒
溫度計

材料
可可含量46%的覆蓋牛奶巧克力(chocolat de couverture lait)175克
55 %的榛果帕林內785克
澄清奶油40克

1• 在榛果帕林內中倒入預先隔水加熱至45-50°C融化的巧克力。

TRUCS ET ASTUCES DE CHEFS
必學主廚技巧

在品嚐前 1 小時將玻璃罐取出，抹醬才不會太硬。

2• 用橡皮刮刀拌勻，加入澄清奶油，攪拌至形成平滑質地。

3• 倒入玻璃罐中，放涼後再加蓋。最後將玻璃罐冷藏，讓抹醬凝固。

Pâte à tartiner chocolat-passion
百香巧克力抹醬

250毫升的玻璃罐7個

準備時間
2小時

加熱時間
2小時

凝固時間
1小時

保存時間
冷藏可達2周

器材
250毫升的玻璃罐7個
手持式電動攪拌棒
沖孔烤盤
食物調理機
網篩
矽膠烤墊
溫度計

材料

榛果百香果粉 Poudre noisettes-passion
百香果肉460克
榛果粉340克

榛果基底抹醬
Pâte à tartiner de base noisettes
可可含量46%的覆蓋牛奶巧克力（chocolat de couverture lait）175克
液態澄清奶油40克
55 %的榛果帕林內785克

1• 混合榛果粉和百香果肉。

2• 用刮刀在鋪有矽膠烤墊的沖孔烤盤上鋪平，入烤箱以80°C（溫控器 2/3）烤約2小時，將榛果百香果糊烤乾。

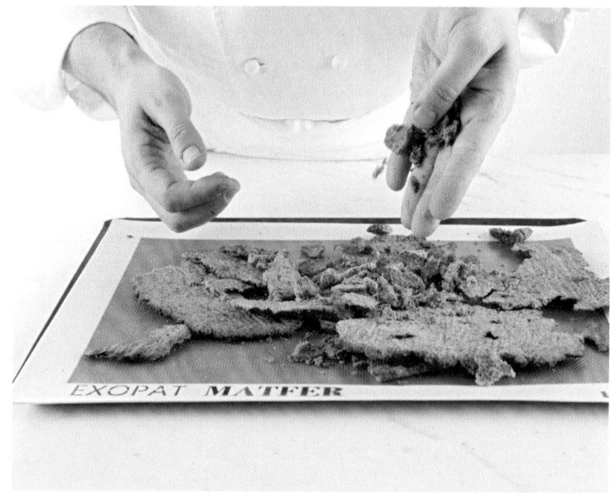

3• 放涼後弄碎成小塊，接著以食物調理機打成細粉，過篩以形成均勻粉末。

TRUCS ET ASTUCES DE CHEFS 必學主廚技巧

在品嚐前 20 幾分鐘將玻璃罐從冰箱中取出。

4 • 將巧克力切碎，隔水加熱至45-50℃融化。加入帕林內、澄清奶油，加熱至45℃，接著放涼，會從25-26℃開始凝固。加入榛果百香果粉。

5 • 用橡皮刮刀拌勻至形成均勻質地。

6 • 填入玻璃罐中，放涼後再加蓋。最後將玻璃罐冷藏，讓抹醬凝固。

PÂTE SABLÉE AU CHOCOLAT
巧克力酥餅塔皮 **66**

PÂTE FEUILLETÉE AU CHOCOLAT
巧克力千層派皮 **68**

PÂTE À CROISSANT AU CHOCOLAT
巧克力可頌麵團 **71**

PAINS AU CHOCOLAT
巧克力麵包 **76**

PAIN AU CACAO
可可麵包 **78**

BRIOCHE AU CHOCOLAT
巧克力布里歐 **81**

STREUSEL AU CHOCOLAT
巧克力酥粒 **84**

LES PÂTES
麵團

Pâte sablée au chocolat
巧克力酥餅塔皮

550克的麵團

準備時間
20分鐘

冷藏時間
2小時

靜置時間
1小時

保存時間
以保鮮膜妥善包裝，
冷藏可達5日

器材
刮板
電動攪拌機
擀麵棍
網篩

材料
T65麵粉 210克
可可粉40克
糖粉125克
鹽1克
奶油125克
蛋50克

TRUCS ET ASTUCES DE CHEFS
必學主廚技巧

務必使用可可脂含量 100% 的可可膏，無添加糖。

1• 在裝有攪拌槳電動攪拌機的攪拌缸中，放入一起過篩的麵粉、可可粉和糖粉，以及鹽。拌勻。

2• 混入奶油小丁，攪拌至形成沙狀混料，接著加入打好的蛋，再度攪拌至形成均勻麵團。

3• 揉成圓柱狀，包上保鮮膜，冷藏2小時後再使用。

Pâte feuilletée au chocolat
巧克力千層派皮

650克的麵團

準備時間
3小時

冷藏時間
2小時

保存時間
以保鮮膜妥善包裝，冷藏可達3日，或冷凍可達3個月

器材
刮板
刀
擀麵棍
網篩

材料
鹽5克
水145克
T65麵粉 220克
可可粉20克
融化奶油25克
折疊用奶油（beurre de tourage）200克

1• 在碗中混合鹽、水，接著是和可可粉一起過篩的麵粉，以及融化奶油，製作基本揉和麵團（détrempe）。用刮板攪拌至成團，勿過度攪拌。

2• 收攏成球狀。用刀在麵團上劃出格子，讓麵團鬆弛。用保鮮膜包起，冷藏保存至少20分鐘。

TRUCS ET ASTUCES DE CHEFS 必學主廚技巧

烘烤時請特別留意，
因為可可麵皮的顏色不容易看出是否有上色。

3• 用擀麵棍將折疊用奶油擀至軟化並形成長方片。讓奶油保持冰涼，且可塑性同基本揉和麵團（détrempe）的硬度很重要。

4• 將麵團擀至超過奶油的2倍大。將加工好的奶油片擺在麵皮一側上，並用另一側的麵皮蓋起。

5• 切去超出的多餘麵皮。

6• 在工作檯撒上少許麵粉，將麵團擀至60公分長、25公分寬，以進行5折的經典折疊。

Pâte feuilletée au chocolat (suite)
巧克力千層派皮（接續上頁）

7 • 折成4折（皮夾折）。將兩端向中央折起（折成1/3-2/3），接著對折。將麵團朝右邊轉1/4圈。

8 • 再度擀平，接著折成3折（單折）。此階段的麵團已轉了2.5圈，用保鮮膜將麵團包起，冷藏保存30幾分鐘。務必要讓折疊的開口朝向側邊。

9 • 依照擀長延展再折疊的指示，重複同樣的步驟6至7次，形成5折的麵團。冷藏保存30分鐘以上再使用。

Pâte à croissant au chocolat
巧克力可頌麵團

16個可頌

準備時間
3小時

冷藏時間
1小時

靜置時間
1小時

發酵時間
3小時

保存時間
以保鮮膜妥善包裝，
冷藏可達24小時

器材
刮板
巧克力造型專用紙
糕點刷
電動攪拌機
擀麵棍
網篩

材料
折疊用奶油（beurre de tourage）250克
可可粉30＋40克
T65麵粉 250克
T45麵粉250克
鹽12克
糖70克
奶粉60克
麵包酵母（levure de boulanger）15克
全脂牛乳30克
水280克

蛋液 Dorure
蛋50克
蛋黃50克
全脂牛乳50克

1• 至少在製作麵團前1小時，將折疊用奶油拌軟，以便混入30克的可可粉。

2• 用刮板混合，接著用手攪拌。用巧克力造型專用紙包起，冷藏保存至形成想要的質地。前1天製作會更為理想。

3• 將麵粉挖出凹槽。在凹槽內倒入剩餘的可可粉、鹽、糖和奶粉。挖出另1個小凹槽，放入弄碎的酵母和全脂牛乳。在酵母中輕輕倒入少量的水，剩餘的倒在主要的大凹槽中。

Pâte à croissant au chocolat (suite)
巧克力可頌麵團（接續上頁）

4 • 用手指開始輕輕混合中央的材料。

5 • 用刮板混合，將麵粉向內帶。

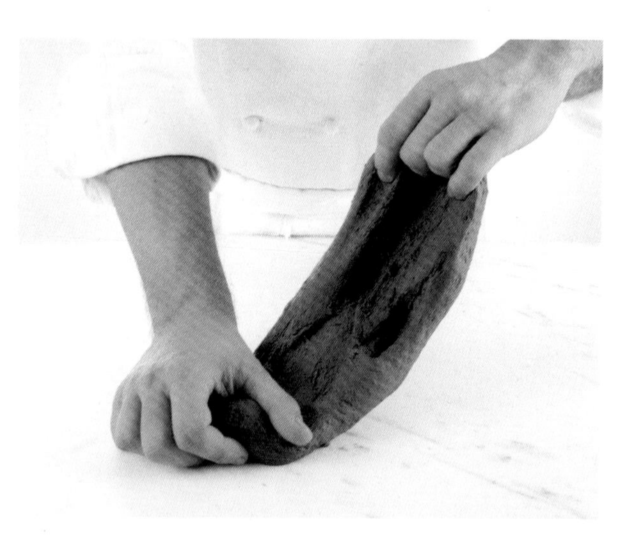

6 • 揉至形成均勻麵團。揉成球狀，用保鮮膜包起，冷藏保存至少20分鐘。

7 • 用擀麵棍將折疊用奶油擀至軟化並形成正方片。讓奶油保持冰涼，且保有可塑性，軟硬度同基本揉和麵團（détrempe）很重要。

8 • 將麵團擀至超過奶油的2倍大。將加工好的奶油片擺在一側麵皮上，並用另一側的麵皮蓋起。

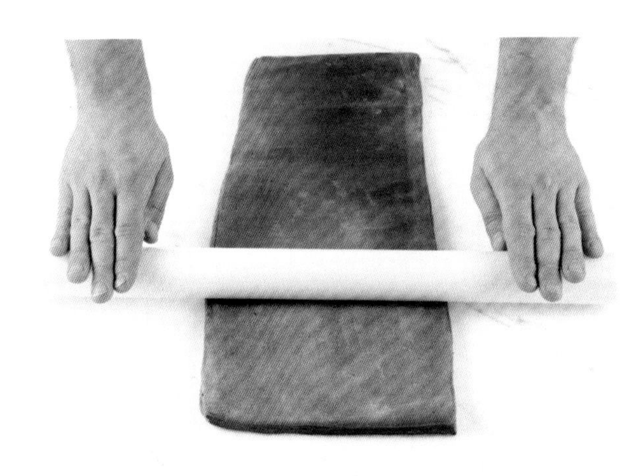

9 • 在工作檯撒上少許麵粉，將麵團擀至60公分長、25公分寬。

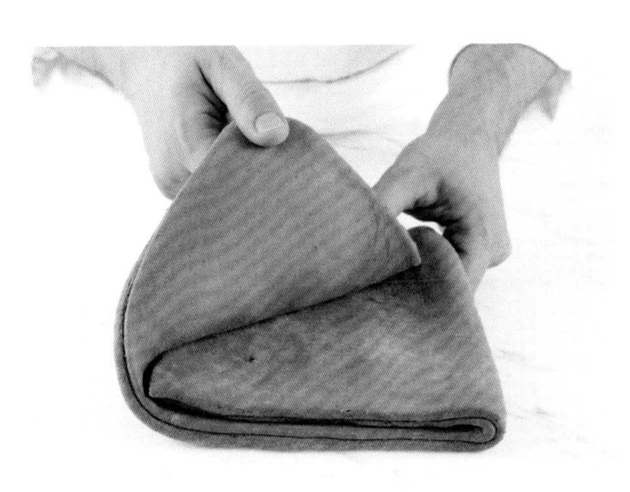

10 • 折成3折（單折），將麵團向右轉1/4圈。

11 • 再度擀平。

Pâte à croissant au chocolat (suite)

巧克力可頌麵團（接續上頁）

12 • 折成4折（皮夾折）。將兩端向中央折起（折成1/3 - 2/3），接著對折。此階段的麵團已轉了2.5圈。用保鮮膜將麵團包起，冷藏保存至少30分鐘。

13 • 將麵團擀成50×24 公分且厚4公釐的長方形。用刀尖在其中一個長邊，每8公分做個記號，接著在對側重複同樣的步驟，但記號和對側錯開4公分。接著依記號裁成三角形。用手稍微拉伸麵皮，接著將三角形的麵皮捲起，形成可頌狀。

14 • 用糕點刷刷上第1次蛋液，在28°C濕度80%的發酵箱裡，或擺在放有沸水的熄火烤箱中發酵3小時。刷上第2次蛋液，以180°C（溫控器 6）烤約18至20分鐘。

Pains au chocolat
巧克力麵包

巧克力麵包8個

準備時間
3小時

冷藏時間
1小時

靜置時間
1小時

發酵時間
3小時

保存時間
24小時

器材
刮板
糕點刷
電動攪拌機
擀麵棍
網篩

材料
巧克力可頌麵團（pâte à croissant au chocolat，見71頁配方）400克
巧克力棒16條

蛋液
蛋50克
蛋黃50克
全脂牛乳50克

1• 將麵團擀至4公釐厚，再裁成9×15公分的長方形麵皮。在每塊麵皮上的一端放1根巧克力棒，捲1圈將巧克力棒捲起，接著擺上第2根巧克力棒。

2• 整個捲起後，用掌心稍微按壓巧克力麵團，以固定麵皮中央的接縫處。

3• 用糕點刷刷上第1次蛋液，擺在28°C濕度80%的發酵箱裡，或放有沸水的熄火烤箱中發酵3小時。刷上第2次蛋液，以180°C（溫控器 6）烤約18至20分鐘。

Pain au cacao
可可麵包

250克的麵包4個

準備時間
3小時30分鐘

發酵時間
3小時30分鐘

加熱時間
18分鐘

保存時間
48小時

器材
切麵刀
電動攪拌機

材料
上等麵粉（farine de gruau）500克
水340＋35克
鹽9克
麵包酵母5克
可可粉35克
糖17克
黑巧克力豆（pépites de chocolat noir）130克

1• 在裝有攪麵鉤電動攪拌機的攪拌缸中，以慢速僅攪拌麵粉和340克的水，直到形成均勻的麵團。

2• 用濕布蓋在表面，靜置1小時。接著加入鹽和麵包酵母，以慢速攪打約3分鐘，形成平滑均勻的麵團。

3• 接著以快速揉麵攪打5至6分鐘，形成厚實有彈性的麵團。

4 • 加入35克剩餘的水、可可粉和糖，揉至形成平滑均匀的麵團，倒入黑巧克力豆，快速攪拌。

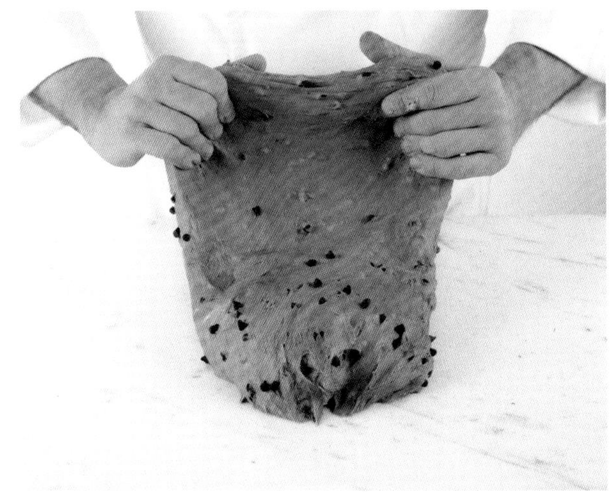

5 • 接著讓麵團發酵約30分鐘。麵團翻面以排氣。

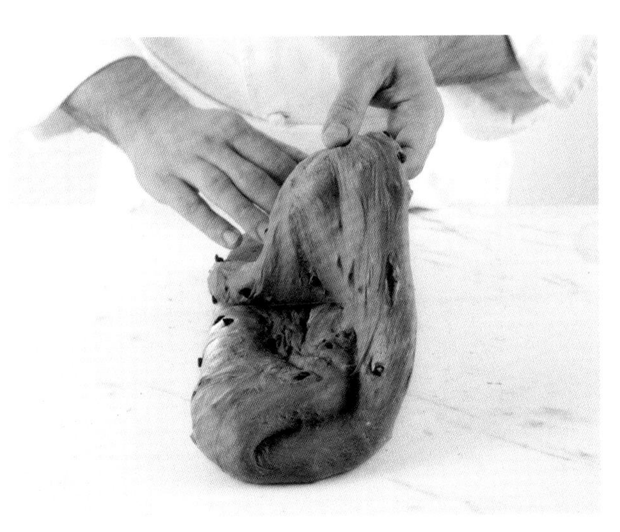

6 • 再揉成團狀。

7 • 用切麵刀將麵團切成4塊250克的麵團。再靜置30分鐘，壓揉成想要的形狀。

Pain au cacao (suite)
可可麵包（接續上頁）

8 • 放入24°C的發酵箱（或放有裝沸水容器的熄火烤箱）發酵約45分鐘至1小時30分鐘。

9 • 用刀從長邊將麵包中央劃出一條割紋。擺在烤盤上，放入烤箱以230-240°C（溫控器 7/8）烤15分鐘。

Brioche au chocolat
巧克力布里歐

240克的布里歐5個

準備時間
2小時

冷藏時間
2小時

靜置時間
1小時

發酵時間
3小時

保存時間
48小時

器材
刮板
16×8.5公分且高4公分的
布里歐麵包模
糕點刷
電動攪拌機
網篩

材料
T65麵粉480克
可可粉20克
鹽12.5克
糖75克
麵包酵母20克
蛋300克
牛乳25克
奶油200克
可可含量56%的黑巧克力
100克
巧克力豆200克

蛋液
蛋50克
蛋黃50克
全脂牛乳50克

1• 在裝有攪麵鉤電動攪拌機的攪拌缸中，倒入麵粉、可可粉、鹽、糖、麵包酵母，接著是蛋、牛乳，揉麵至形成平滑且不會沾黏攪拌缸內壁的麵團。

2• 分2次加入切成小塊的奶油，以慢速攪拌揉麵。加入預先加熱至50°C的融化巧克力，攪拌至巧克力完全混入麵團中，而且麵團不再沾黏攪拌缸內壁。

Brioche au chocolat (suite)
巧克力布里歐（接續上頁）

3 • 將麵團擺在工作檯上，加入巧克力豆。

4 • 用手揉捏混合，接著讓麵團在常溫下靜置1小時，形成平滑均勻的麵團。

TRUCS ET ASTUCES DE CHEFS
必學主廚技巧

最好以緩慢的速度揉捏麵團，
因為這可以：讓奶油融化；麵團不會過度升溫；
烘烤時麵團較不會乾燥。

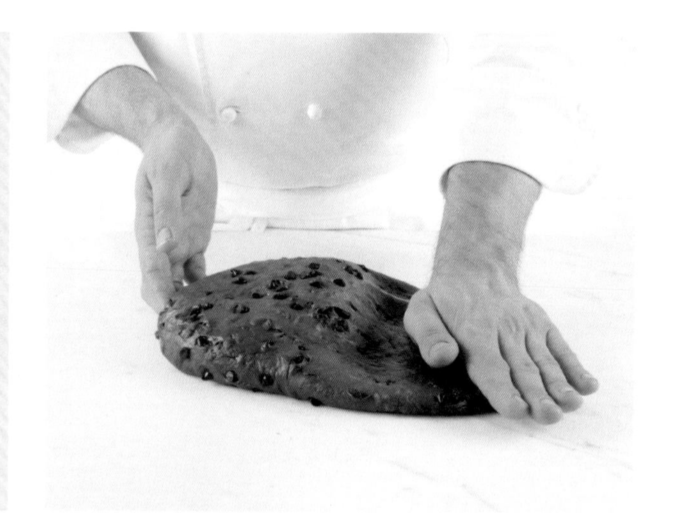

5 • 再將麵團壓平…

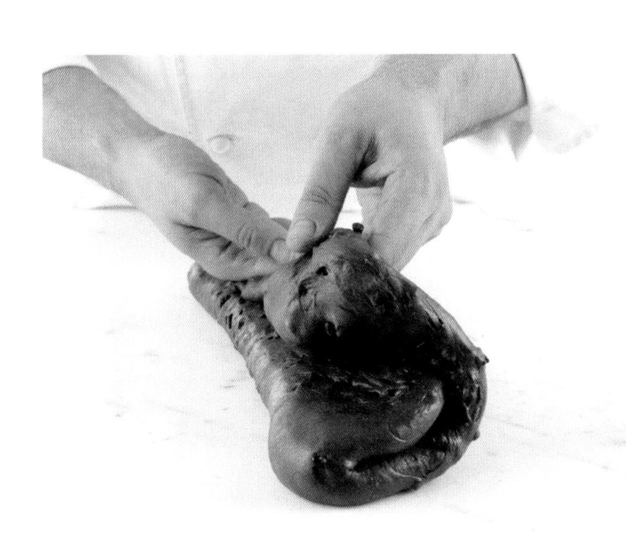

6 • …翻面排除發酵時產生的氣體，先冷藏約2小時後再進行整形。

7 • 揉成小球，擺在刷有奶油的模型裡。刷上蛋液，放入28℃濕度80%的發酵箱，或以容器裝有沸水的熄火烤箱裡發酵3小時。再度刷上蛋液，用烤箱以180℃（溫控器 6）烤約18至20分鐘。

Streusel au chocolat
巧克力酥粒

240克

準備時間
10分鐘

冷藏時間
30分鐘

加熱時間
10至12分鐘

保存時間
冷藏可達5日

器材
刮板
網架
網篩
矽膠烤墊

材料
麵粉40克
可可粉20克
奶油60克
杏仁粉60克
粗紅糖60克

1• 在工作檯上將麵粉、可可粉和杏仁粉一起過篩，加入奶油和粗紅糖，先搓揉成沙狀。

TRUCS ET ASTUCES DE CHEFS
必學主廚技巧

也可以用榛果粉、核桃粉或
開心果粉來取代杏仁粉，
製作各種變化版本，
也能加入少許鹽之花後再烘烤。

2• 揉至形成均勻麵團，形成球狀後，以保鮮膜包起，冷藏保存30分鐘。

TRUCS **ET** ASTUCES **DE** CHEFS 必學主廚技巧

酥粒可用來裝飾塔或玻璃杯裝盛的甜點。

3• 如刨刀般以麵團摩擦粗孔網架。

4• 形成小塊酥粒，擺在鋪有矽膠烤墊的烤盤上，入烤箱以160°C（溫控器 5/6）烤10至12分鐘。

BONBONS MOULÉS
塑形巧克力 **88**

BONBONS CADRÉS
方塊巧克力 **91**

TREMPAGE
浸入（或糖衣 ENROBAGE） **94**

TRUFFES
松露巧克力 **96**

AMANDES ET NOISETTES CARAMÉLISÉES AU CHOCOLAT
焦糖杏仁榛果巧克力 **98**

ROCHERS
岩石巧克力 **102**

PALETS OR
金塊巧克力 **104**

PRALINÉS FEUILLETINES
帕林內脆片 **106**

GIANDUJA
占度亞榛果巧克力 **108**

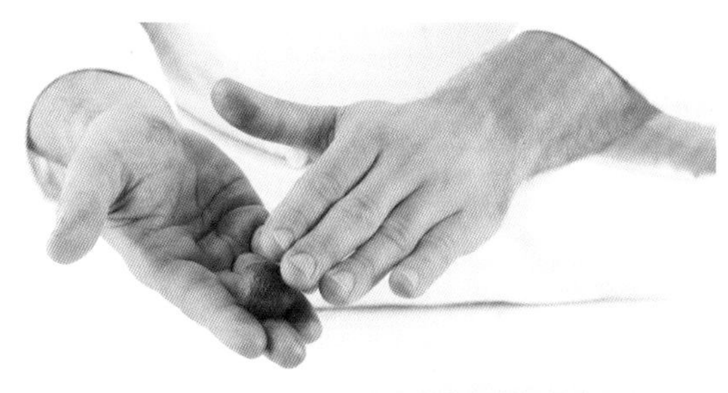

LES BONBONS
巧克力糖

Bonbons moulés
塑形巧克力

準備時間
1小時

凝固時間
12小時

保存時間
以密封罐妥善包裝並擺在遠離熱源處，保存可達1個月

器材
直徑3公分的半球形矽膠模1盤
巧克力造型專用紙
擠花袋
刮刀

材料

裝飾
金粉（poudre d'or）10克
櫻桃酒（kirsch）10克

巧克力殼
Coques en chocolat
自行選擇的覆蓋巧克力（見28至32頁的技術）200克

內餡 Intérieur
自行選擇的帕林內（見48頁配方）300克

1• 用櫻桃酒將金粉拌開。

2• 以手指蘸取，在模型凹槽內劃出圓弧線條，接著讓酒精蒸發。

3 • 用擠花袋將預先調溫好的巧克力從上方擠入模型凹槽。

4 • 將模型倒置，以去除多餘的巧克力。

5 • 用刮刀刮過模型表面，形成潔淨的邊。將模型倒置，靜置凝固至少1小時。

6 • 在巧克力殼中填入甘那許至距離模型邊緣2公釐處。靜置凝固12小時。

Bonbons moulés (suite)
塑形巧克力（接續上頁）

7・從上方倒入適溫的巧克力（同樣製作巧克力殼），將內餡封起。

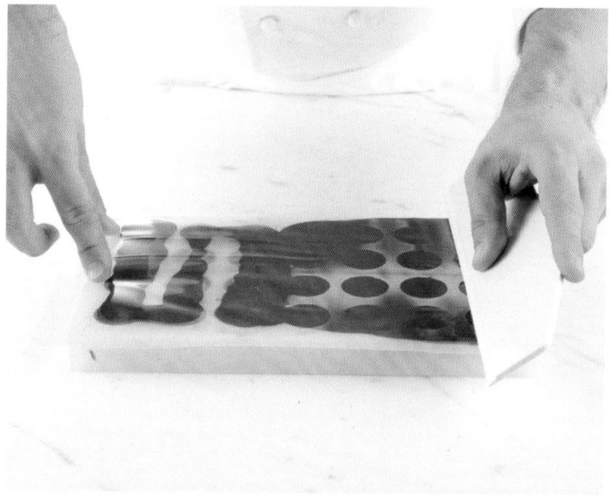

8・在模型上擺1張巧克力造型專用紙，接著用刮刀從紙上將巧克力刮平。

9・冷藏10幾分鐘，以利巧克力糖脫模。

Bonbons cadrés
方塊巧克力

準備時間
1小時

凝固時間
12小時

保存時間
以15℃保存可達1個月

器材
邊長16公分且高1公分的
正方框模
巧克力造型專用紙
曲型抹刀

材料

內餡 Intérieur
帕林內脆片
（材料見106頁配方）

模板 Chablon
覆蓋黑巧克力（chocolat de couverture）、牛奶巧克力或白巧克力（見28至32頁的技術）80克

1• 在碗中放入帕林內脆片、融化的巧克力和融化的可可脂。

2• 用橡皮刮刀拌勻。

Bonbons cadrés (suite)
方塊巧克力（接續上頁）

3・ 混入法式薄餅（crêpes dentelle），輕輕攪拌。

4・ 用40°C的巧克力製作基底（模板），稍後可製作巧克力糖而不會損壞。將巧克力倒在巧克力造型專用紙上。

5・ 用曲型抹刀在整張紙上鋪平。

6・ 擺上正方框模，輕輕按壓。

TRUCS ET ASTUCES DE CHEFS 必學主廚技巧

・製作模板(Chablon)的巧克力不需等待完全凝固,以利切割。

・切割後,將每顆巧克力糖分開,以利凝固。

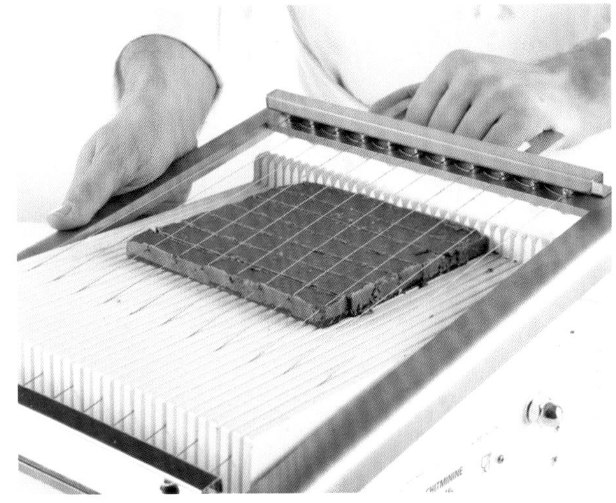

7・ 倒入酥脆帕林內,接著均勻鋪開。以16°C靜置凝固12小時。

8・ 以巧克力鋼絲切割器(guitare à pâtisserie)或刀,切成想要的大小。

Trempage (ou enrobage)
浸入(或糖衣)

準備時間
30分鐘

凝固時間
20分鐘

保存時間
以15°C保存可達2周

器材
調溫巧克力叉

材料
覆蓋黑巧克力(chocolat de couverture)、牛奶巧克力或白巧克力(見28至32頁的技術)

1• 為巧克力調溫。接著用調溫巧克力叉將內餡浸入完成巧克力中。

TRUCS ET ASTUCES DE CHEFS
必學主廚技巧

為避免在製作糖衣時
巧克力糖沾黏在調溫巧克力叉上，
請務必讓巧克力糖充分浸入，完整包覆。

2• 將巧克力糖輕輕取出，務必讓整顆內餡被巧克力充分包覆。

3・在碗邊刮去多餘的巧克力，將方塊巧克力擺在烤盤紙上。

4・進行裝飾。例如可用調溫巧克力叉在巧克力糖表面劃出條紋。

Truffes
松露巧克力

30顆

準備時間
45分鐘

凝固時間
2小時

保存時間
以密封罐保存可達2周

器材
打蛋器
調溫巧克力叉
網篩
溫度計

材料

甘那許
脂肪含量35%的液態鮮奶油100克
香草莢1/2根
蜂蜜8克
可可含量70%的覆蓋黑巧克力（chocolat de couverture）100克
奶油35克
可可粉75克

糖衣
可可含量58%的覆蓋黑巧克力（chocolat de couverture）（見94頁的技術）100克

1• 在平底深鍋中，將剖半刮出籽的香草莢浸泡在鮮奶油中，加入蜂蜜並煮沸。

2• 將這個熱的鮮奶油倒入切碎的巧克力中，輕輕攪拌至形成平滑的甘那許。

3• 混入30°C的膏狀奶油，倒入烤盤，靜置凝固1小時。

製作第一層巧克力，靜置凝固。
接著繼續依指示製作第二層並裹上可可粉。

4 • 切成邊長約3公分的方塊，接著用掌心揉成球狀。

5 • 用調溫巧克力叉或手將球浸入調溫過的巧克力中，讓球被巧克力所包覆，可浸入2次確認完全包覆。

6 • 用調溫巧克力叉為松露巧克力裹上可可粉，靜置凝固1小時後，用網篩將松露巧克力過篩，以去除多餘的可可粉。

Amandes et noisettes caramélisées au chocolat
焦糖杏仁榛果巧克力

1公斤

準備時間
50分鐘

加熱時間
15分鐘

保存時間
以密封罐保存可達3周

器材
銅鍋（Bassine en cuivre）
網篩
煮糖溫度計

材料
去皮杏仁150克
去皮榛果150克
白糖200克
水70克
奶油10克
覆蓋牛奶巧克力（chocolat de couverture au lait）100克
可可含量58%的覆蓋黑巧克力400克
可可粉50克

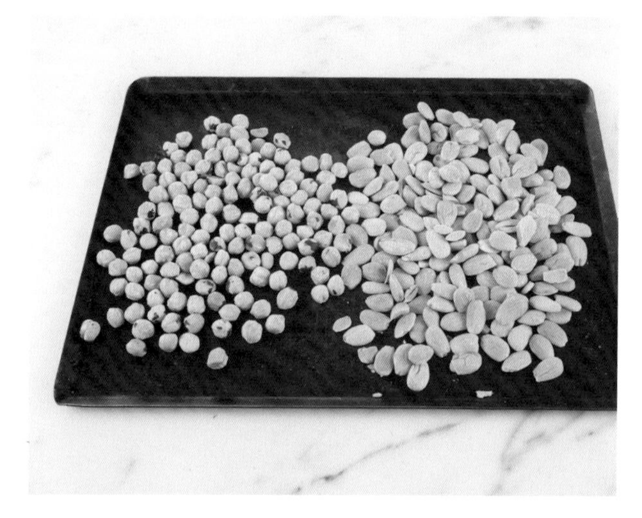

1• 將堅果鋪在不沾烤盤上，入烤箱以160°C（溫控器5/6）烤約15分鐘，直到形成金黃色。

2• 在銅鍋中，將糖漿（糖和水）煮至117°C。加入烘焙後的堅果，用刮刀攪拌至表層形成沙狀。

3• 以中火將堅果煮至表層部分焦糖化，接著加入奶油，拌勻。

TRUCS ET ASTUCES DE CHEFS 必學主廚技巧

・應讓堅果部分焦糖化，以避免吸收水分。

・應少量多次地添加巧克力。

4・移至工作檯上，將杏仁和榛果一顆顆分開，冷卻後放入大碗中。

5・為牛奶巧克力調溫（見28至32頁的技術）。倒入堅果中，攪拌至堅果被巧克力所包覆，靜置凝固約2分鐘。

6・接著再裹上2次調溫過的巧克力（見28至32頁的技術），一邊攪拌。每次沾裹之間，讓巧克力靜置凝固2分鐘

7・加入一半的可可粉，攪拌均勻，靜置凝固2分鐘後，再倒入剩餘的可可粉。

TRUCS ET ASTUCES DE CHEFS 必學主廚技巧

無須等到最後的糖衣完全凝固，便可加入第 1 部分的可可粉。
但要等糖衣完全凝固後才能加入第 2 部分的可可粉。

8 • 凝固後篩去多餘的可可粉，保存在袋子中、小紙盒或密封罐裡。

Rochers
岩石巧克力

40顆

準備時間
45分鐘

凝固時間
2小時

冷藏時間
1小時20分鐘

保存時間
以密封罐保存可達1個月

器材
調溫巧克力叉
溫度計

材料
杏仁碎75克
糖10克
可可含量60%的
覆蓋黑巧克力（chocolat
de couverture）60克
帕林內（見106頁配方）
180克

糖衣 Enrobage
可可含量58%的覆蓋
黑巧克力（見94頁的技術）
150克

1• 在平底深鍋中以中火將杏仁和糖煮至焦糖化，移至烤盤紙上放涼。

2• 將巧克力隔水加熱至30°C，讓巧克力融化，接著混入帕林內中，移至烤盤，在表面緊貼上保鮮膜，冷藏凝固（硬化）約1小時。

3• 凝固後，用手搓揉巧克力帕林內混料，揉至形成平滑均勻的團狀。

4 • 揉成150克的長條（約長20公分），以便能用刀切下8至10克的小塊（約厚1.5公分）。用手揉成小球，冷藏保存20分鐘。

5 • 為巧克力調溫以製作糖衣，加入冷卻的沙狀焦糖杏仁碎。

6 • 用手或調溫巧克力叉為巧克力球裹上糖衣，在烤盤紙上靜置凝固約2小時。

Palets or
金塊巧克力

30顆巧克力

準備時間
45分鐘

凝固時間
2小時

保存時間
以密封罐保存可達2周

器材
玻璃紙(Feuille de Rhodoïd)
調溫巧克力叉
擠花袋+直徑12公釐的圓口花嘴
溫度計

材料

甘那許
脂肪含量35%的全脂液態鮮奶油100克
香草莢1根
蜂蜜10克
可可含量58%的覆蓋黑巧克力(chocolat de couverture)90克
奶油40克
可可含量50%的黑巧克力100克

糖衣Enrobage
可可含量58%的覆蓋黑巧克力500克

最後修飾
金箔

1• 在平底深鍋中，將剖半刮出籽的香草莢浸泡在鮮奶油和蜂蜜中30幾分鐘。再加熱煮沸。

2• 倒入預先加熱至35℃融化的2種黑巧克力中，攪拌至形成甘那許。

3• 降溫至30℃時加入小塊的奶油，攪拌至整體形成平滑質地。

TRUCS ET ASTUCES DE CHEFS 必學主廚技巧

注意，這款甘那許非常脆弱，
而且容易油水分離，請不要過度攪拌。

4・
用擠花袋在烤盤紙上擠出小球。

5・
在表面擺上1張玻璃紙，用烤盤稍微壓平成圓餅狀，放涼約1小時。

6・
在甘那許凝固時，用調溫過的巧克力（見28至32頁的技術）包覆。

7・
靜置凝固1小時後，在表面加上金箔。

Pralinés feuilletine
帕林內脆片

30顆

準備時間
1小時

加熱時間
5至10分鐘

凝固時間
1小時

保存時間
以密封罐保存在不超過17°C處可達2周

器材
邊長26公分且高1公分的正方框模
調溫巧克力叉
溫度計

材料
可可脂25克
覆蓋牛奶巧克力25克
帕林內（praliné）250克
酥脆薄片（feuilletine）50克

糖衣 Enrobage
可可含量58%的覆蓋黑巧克力（chocolat de couverture）300克

1• 在平底深鍋中，以小火將可可脂和牛奶巧克力加熱至融化，離火後加入帕林內和酥脆薄片。

2• 用橡皮刮刀輕輕攪拌至混料降至20°C。

3• 將正方框模擺在鋪有烤盤紙的烤盤上，將備料倒入框模中。

TRUCS ET ASTUCES DE CHEFS 必學主廚技巧

裁切帕林內之前勿等待太久，
才能切出整齊線條。

4・在帕林內冷卻後脫模，切成想要的形狀和大小。

5・為帕林內包覆上調溫過的巧克力糖衣（見28至32頁技術）。

6・移至烤盤上，用調溫巧克力叉在表面壓出紋路，靜置凝固約1小時。

Gianduja
占度亞榛果巧克力

30個巧克力

準備時間
45分鐘

冷藏時間
1小時

凝固時間
1小時

保存時間
以密封罐冷藏保存
可達2周

器材
玻璃紙（Feuille de Rhodoïd）
打蛋器
擠花袋＋直徑8公釐的星形花嘴
溫度計

材料
占度亞榛果巧克力250克
整顆烤榛果30克

巧克力基底 Base chocolat
可可含量58%的覆蓋黑巧克力（chocolat de couverture）150克

1• 將占度亞榛果巧克力加熱至45℃融化。

2• 放涼至形成如同膏狀奶油的濃稠度。

3• 填入擠花袋，在玻璃紙上擠出直徑約3公分的圓花飾。

4 • 用整顆榛果裝飾，冷藏保存約1小時。

5 • 用無花嘴的擠花袋在1張玻璃紙上擠出調溫過的巧克力（見28頁至32頁技術）小點，尺寸略小於占度亞榛果巧克力。

6 • 擺上占度亞榛果巧克力，按壓使調溫過的巧克力佈滿底層，靜置凝固約1小時後再將玻璃紙剝離。

FERRANDI
PARIS

CIGARETTES EN CHOCOLAT
巧克力香煙 **112**

ÉVENTAILS EN CHOCOLAT
扇形巧克力 **113**

COPEAUX DE CHOCOLAT
巧克力刨花 **114**

FEUILLE DE TRANSFERT CHOCOLAT
巧克力轉印紙 **116**

RUBAN DE MASQUAGE EN CHOCOLAT
巧克力飾帶 **118**

DENTELLES DE CHOCOLAT
巧克力蕾絲 **121**

PASTILLES EN CHOCOLAT
巧克力片 **122**

PLUMES EN CHOCOLAT
巧克力羽毛 **124**

CORNET
圓錐形紙袋 **126**

LES DÉCORS
裝飾

Cigarettes en chocolat
巧克力香煙

20至30根

準備時間
10分鐘

保存時間
以密封罐保存在不超過
20°C處可達2周

器材
大型三角刮刀
曲型抹刀
小型三角刮刀

材料
調溫過的巧克力
(Chocolat mis au point
見28至32頁的技術)

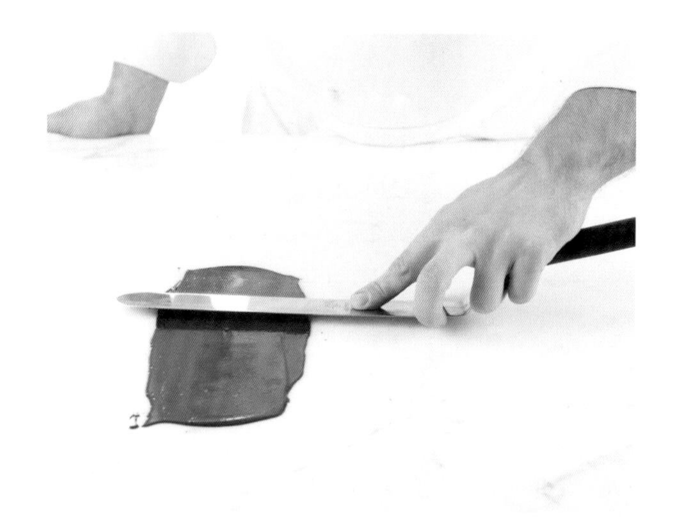

1• 將調溫過的巧克力倒在大理石板上，用曲型抹刀將巧克力鋪成薄薄一層約2至3公釐的厚度，靜置讓巧克力稍微凝固。

2• 用小型的三角刮刀清理四周，形成漂亮的長方形。

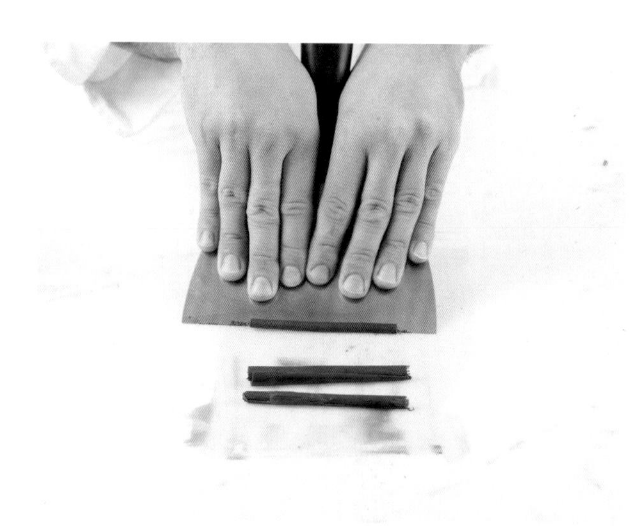

3• 用大型刮刀將巧克力刮起，形成煙捲狀。

Éventails en chocolat
扇形巧克力

20至30個

準備時間
10分鐘

保存時間
以密封罐保存在不超過
20°C處可達2周

器材
曲型抹刀
三角刮板

材料
調溫過的巧克力
（Chocolat mis au point
見28至32頁的技術）

1• 在大理石板上將巧克力鋪成薄薄一層約2至3公釐的厚度，靜置讓巧克力稍微凝固。用小型三角刮刀將四周刮乾淨，形成漂亮的長方形巧克力。

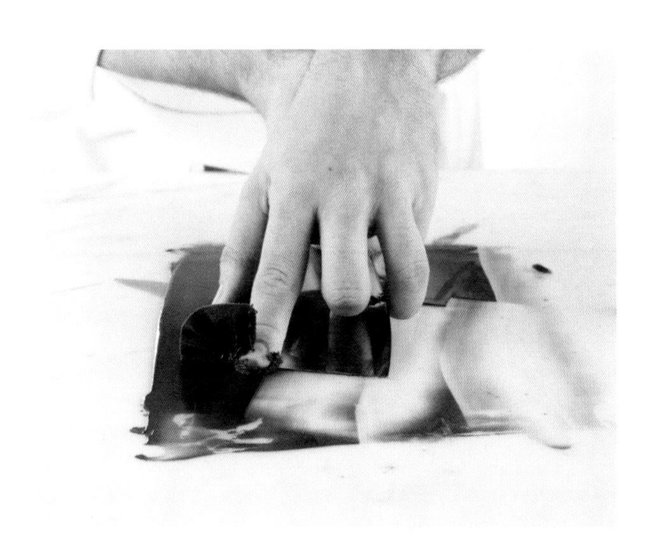

2• 用手指按住三角刮板頂端的一角，向前移動，讓巧克力單側皺起，形成扇形。重複同樣的程序。

Copeaux de chocolat
巧克力刨花

準備時間
15分鐘

保存時間
以密封罐保存在不超過
20°C處可達2周

器材
主廚刀
曲型抹刀

材料
調溫過的巧克力
(Chocolat mis au point
見28至32頁的技術)

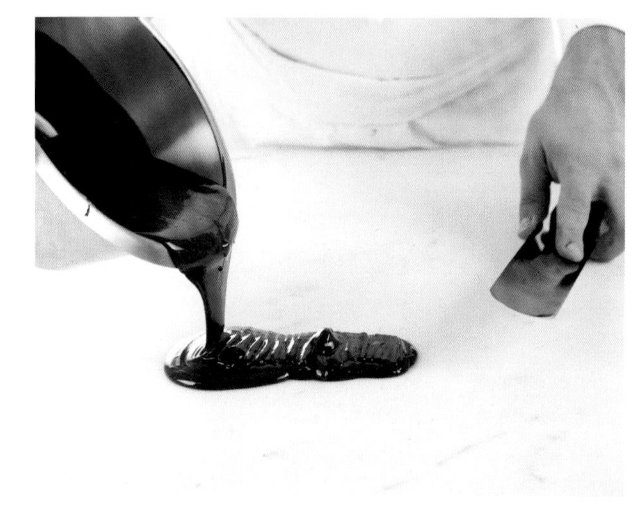

1• 將調溫過的巧克力倒在大理石板上。

2• 用曲型抹刀將巧克力鋪成薄薄一層約2至3公釐的厚度，靜置讓巧克力稍微凝固。

3 • 用刀尖劃出斜線。

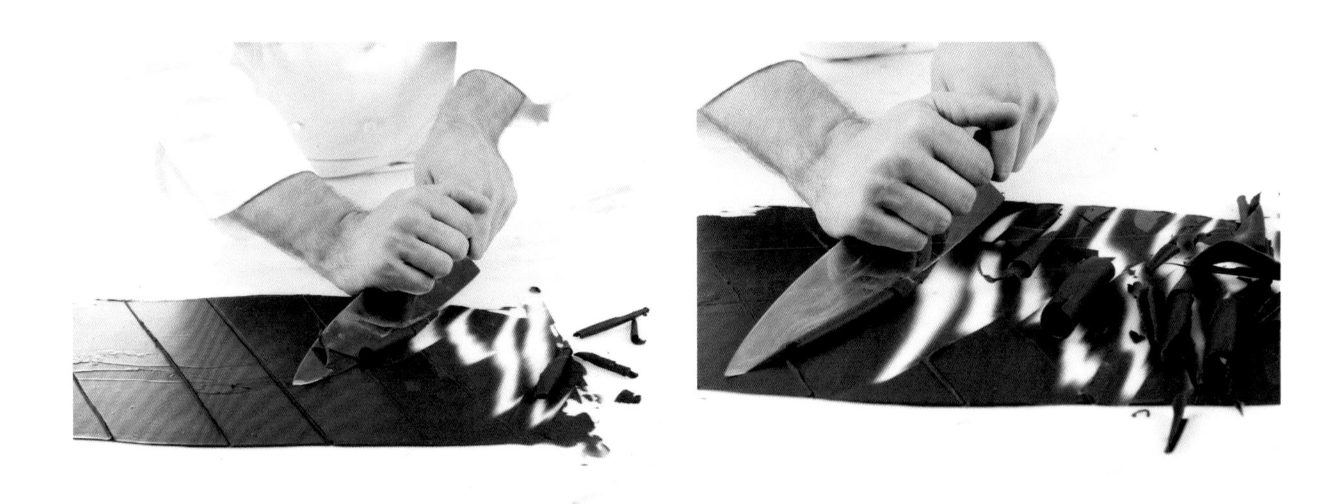

4 • 用刀刃快速將巧克力由下往上刮起。

5 • 依動作的壓力和速度而定，會形成不同大小的刨花。

Feuille de transfert chocolat
巧克力轉印紙

1張

準備時間
15分鐘

保存時間
以密封罐保存在不超過20°C處可達2周

器材
30X40公分自行選擇的轉印紙1張
曲型抹刀

材料
調溫過的巧克力（見28至32頁的技術）100克

1• 將轉印紙擺在工作檯上，將調溫過的巧克力倒在紙上。

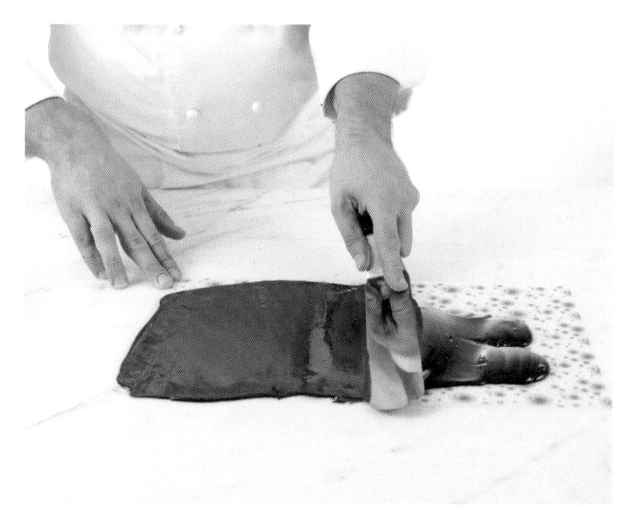

2• 用曲型抹刀將巧克力鋪成薄薄一層約2至3公釐的厚度。

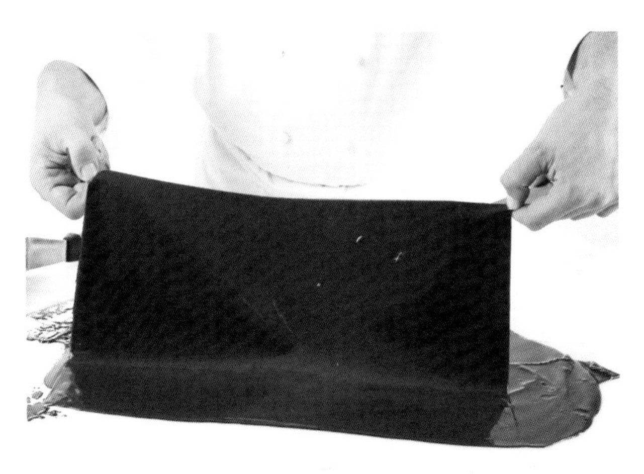

3・將鋪好巧克力的轉印紙移至潔淨的桌面，靜置凝固。

4・用尺和刀或壓模，描出想要的形狀。

5・翻面，並將轉印紙輕輕剝離。

6・取下所形成的形狀。

Ruban de masquage en chocolat
巧克力飾帶

準備時間
40分鐘

凝固時間
1小時

保存時間
以密封罐保存可達2周

器材
巧克力造型專用紙
(Feuilles guitare)
曲型抹刀
糕點刷
金屬尺

材料
調溫過的黑巧克力、
牛奶巧克力或白巧克力
(Chocolat mis au point
見28至32頁的技術)

1 • 為巧克力調溫。將巧克力倒在巧克力造型專用紙上，接著用曲型抹刀均勻鋪成2至3公釐的厚度。

TRUCS ET ASTUCES DE CHEFS
必學主廚技巧

・此巧克力飾帶可為像是夾心蛋糕等甜點進行美麗的修飾。
因此，你可依預定的用途修改直徑和寬度。

・務必要讓巧克力保持柔軟，以利裹在圓柱體周圍。

2 • 小心地將巧克力造型專用紙拿起移至乾淨的桌面，靜置讓巧克力稍微凝固。

3 • 順著造型專用紙切齊，形成筆直整齊的邊。

4 • 趁巧克力還柔軟時，依想要的寬度劃線。

5 • 在表面擺上大小同巧克力造型專用紙的烤盤紙。

6 • 用想要大小的圓柱體或塑膠管將巧克力片捲起，接著再整個包上保鮮膜。在常溫下靜置至少1小時，讓巧克力凝固。

Ruban de masquage en chocolat (suite)
巧克力飾帶（接續上頁）

7 • 小心地移去保鮮膜、烤盤紙和巧克力造型專用紙。

8 • 輕輕將飾帶分開。

Dentelles de chocolat
巧克力蕾絲

準備時間
30分鐘

凝固時間
20分鐘

保存時間
以密封罐保存可達4日

器材
糕點刷
擠花袋
網篩

材料
可可粉
調溫過的黑巧克力或
牛奶巧克力（見28至32頁
的技術）

1• 將可可粉過篩在潔淨的烤盤上，形成一層約2公釐厚的可可粉層。

2• 將調溫過的巧克力填入擠花袋，剪1個小開口，接著在可可粉上擠出螺旋狀或小細條的蕾絲狀，靜置凝固。

3• 輕輕將裝飾取出，並用糕點刷刷去多餘的可可粉。

Pastilles en chocolat
巧克力片

準備時間
30分鐘

凝固時間
40分鐘

保存時間
以密封罐保存可達4日

器材
巧克力造型專用紙
(Feuilles guitare)
瓦片槽型模(Moule gouttière à tuiles)
擠花袋

材料
調溫過的黑巧克力、
牛奶巧克力或白巧克力
(Chocolat mis au point
見28至32頁的技術)

1• 將調溫過的巧克力填入擠花袋，在巧克力造型專用紙上半部保持一定間距地擠上少量的巧克力。

2• 將巧克力造型專用紙對折。

3• 用平底的小玻璃杯按壓每片巧克力，壓至想要的大小，靜置凝結。

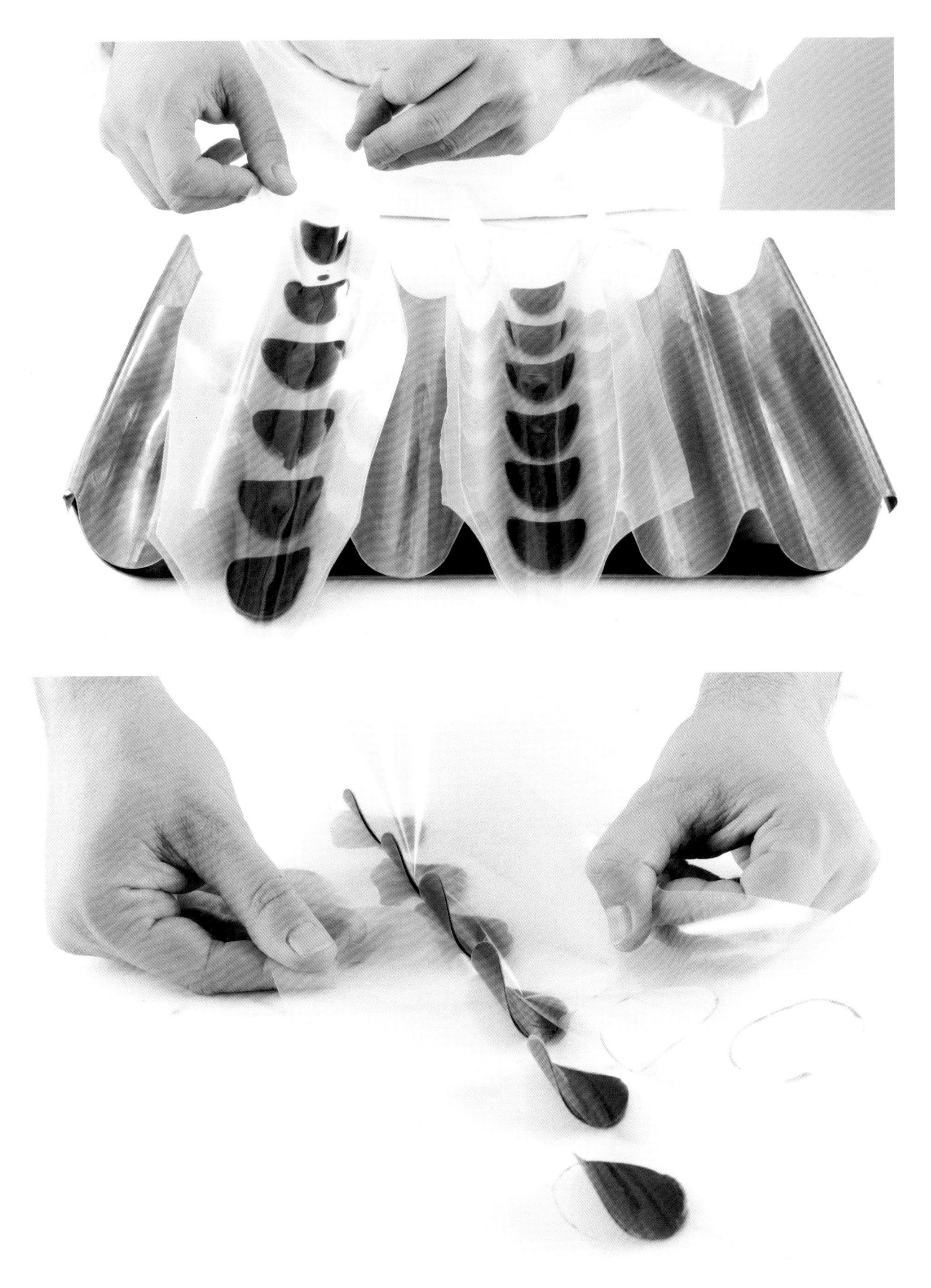

4 • 將巧克力造型專用紙擺在槽型蛋糕模中，形成曲形片，冷藏凝固30分鐘。

5 • 將造型專用紙從曲形巧克力片上輕輕剝離。

Plumes en chocolat
巧克力羽毛

準備時間
30分鐘

凝固時間
20分鐘

保存時間
以密封罐保存可達4日

器材
8公分帶狀的巧克力造型
專用紙（Feuilles guitare）
水果刀
瓦片槽型模
糕點刷

材料
調溫過的黑巧克力、
牛奶巧克力或白巧克力
（Chocolat mis au point
見28至32頁的技術）
可可粉

1• 為巧克力調溫。將刀尖浸入巧克力中，接著將刀身「擦」在帶狀的造型專用紙上…

2• …以鐘擺的擺動方式將刀子下拉提起。

3• 製作好幾根羽毛後，將造型專用紙擺在槽型模中，形成曲形。靜置凝固。

4 • 將巧克力造型專用紙從羽毛上輕輕取下。

5 • 用熱刀在羽毛周圍劃出一些切口，讓羽毛更具真實感。

Cornet
圓錐形紙袋

1個	準備時間	器材	材料
	5分鐘	烤盤紙	調溫過的巧克力（見28至32頁的技術）

1• 將1張長方形的烤盤紙斜切成兩半，形成直角三角形。

2• 從最長邊的中間將其中1個角向上折起，形成圓錐形紙袋。

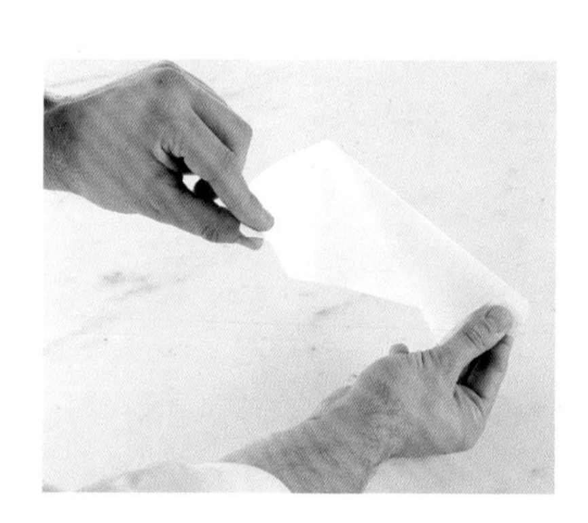

3• 再將另1個角折起，務必讓圓錐形紙袋保持緊密。

4• 將超出的部分向內折。

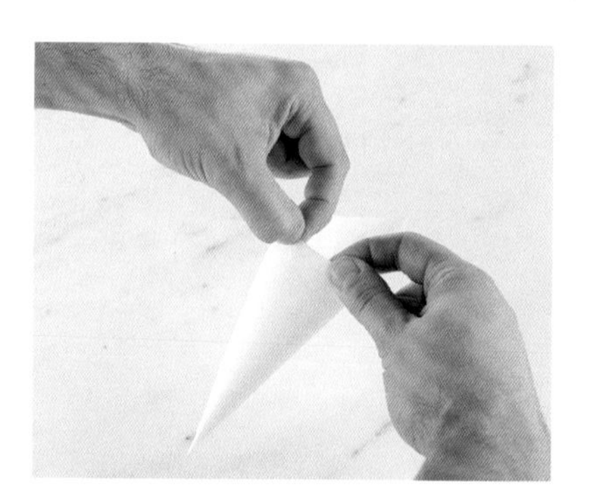

5• 加強摺痕。

TRUCS ET ASTUCES DE CHEFS 必學主廚技巧

可將抹醬（見 60 至 62 頁配方）填入圓錐形紙袋。

6 • 在圓錐形紙袋中填入調溫過的巧克力至1/3滿。

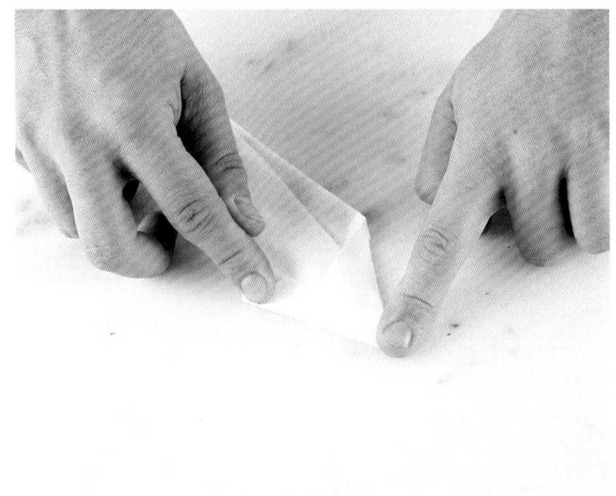

7 • 將圓錐形紙袋的頂端收緊，接著朝對角線折起。

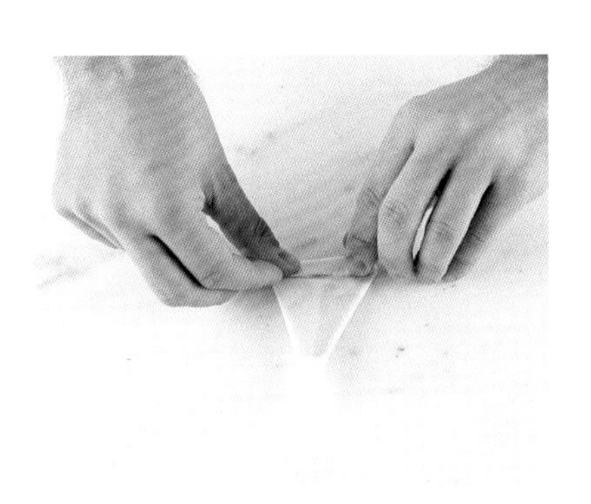

8 • 將圓錐形紙袋翻面，捲起至巧克力處。

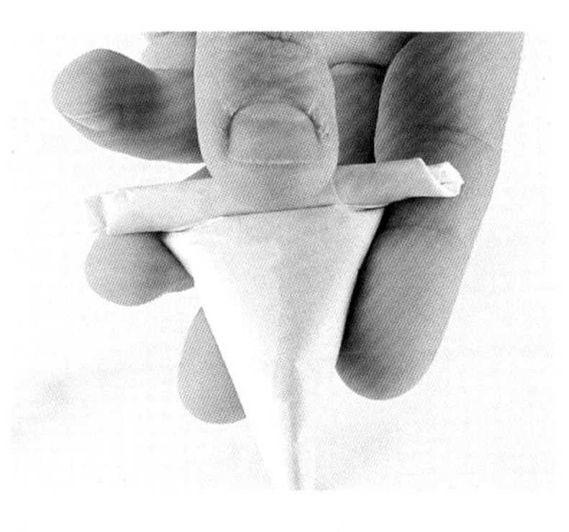

9 • 折好的圓錐形紙袋已可使用。依想要的線條粗細剪出開口。

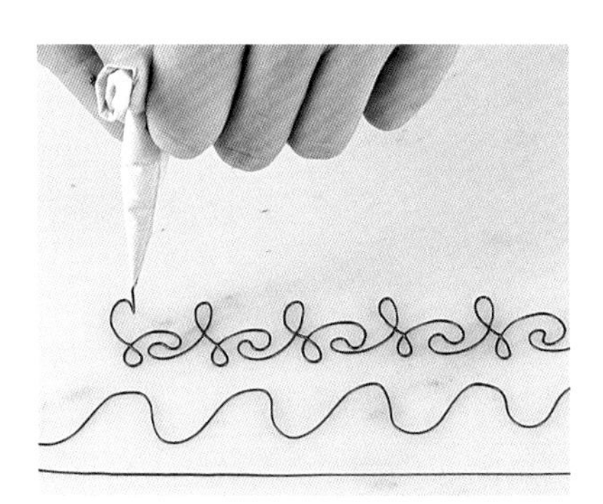

10 • 如此便能進行裝飾：直線、曲線、蔓藤花紋、邊飾、文字…

配方
LES RECETTES

LES BONBONS
巧克力糖

BONBONS MOULÉS 塑形巧克力

CAPPUCCINO 卡布奇諾巧克力 132

THÉ VERT 綠茶巧克力 134

JASMIN 茉香巧克力 136

MACADAMIA MANDARINE 橘子夏威夷果巧克力 138

PASSION 百香果巧克力 140

EXOTIQUE 異國風味巧克力 142

BONBONS CADRÉS 塊狀巧克力

PRALINÉ CITRON 檸檬帕林內方塊巧克力 144

ABRICOT PASSION 百香杏桃巧克力 146

MIEL ORANGE 柳橙蜂蜜巧克力 148

PISTACHE 開心果巧克力 150

BASILIC 羅勒巧克力 152

CARAMEL SALÉ 鹹焦糖巧克力 154

CAPPUCCINO
卡布奇諾巧克力

56顆

準備時間
1小時

凝固時間
12小時

保存時間
以密封罐保存在16-18°C下可達1個月

器材
手持式電動攪拌棒
糕點刷
直徑3公分的半球形矽膠模2盤
擠花袋
三角刮刀
溫度計

材料

巧克力殼 Coques en chocolat
可可含量40%的牛奶巧克力200克
黑可可脂50克

卡布奇諾甘那許 Ganache cappuccino
脂肪含量35%的液態鮮奶油160克
轉化糖40克
咖啡豆20克
即溶咖啡粉6克
覆蓋牛奶巧克力400克
奶油65克

巧克力殼
為巧克力調溫（見28至32頁的技術）。將可可脂加熱至30°C融化，用糕點刷將融化的可可脂噴灑在模型的凹槽裡，形成美麗的圖樣。讓可可脂凝固幾分鐘後再倒入調溫過的覆蓋巧克力，形成外殼（見88頁的技術）。

卡布奇諾甘那許
在平底深鍋中將鮮奶油、轉化糖、粗磨咖啡豆和即溶咖啡粉煮沸，浸泡5分鐘。用漏斗型濾器過濾後，將煮沸的鮮奶油倒入切成碎塊的覆蓋巧克力中，攪拌至形成內餡，在降溫至35至40°C時，混入奶油。用手持電動攪拌棒攪打，讓溫度降至28°C。填入擠花袋，將甘那許擠在巧克力殼中，填至距離邊緣約1.5公釐處。靜置凝固12小時。

最後修飾
在甘那許凝固後，倒入調溫過的覆蓋巧克力（用來製作外殼的同一批巧克力），將內餡封起，接著用三角刮刀刮去多餘的巧克力。靜置凝固後再品嚐。

THÉ VERT
綠茶巧克力

56顆

準備時間
1小時

凝固時間
12小時

保存時間
以密封罐保存在16-18°C下可達1個月

器材
漏斗型濾器
手持式電動攪拌棒
糕點刷
擠花袋
三角刮刀
溫度計
直徑3公分的半球形矽膠模2盤

材料

巧克力殼
可可含量56%的黑巧克力100克
黑可可脂50克
綠可可脂50克

綠茶甘那許
Ganache au thé vert
脂肪含量35%的液態鮮奶油520克
綠茶28克
轉化糖100克
可可含量64%的覆蓋黑巧克力(chocolat de couverture)550克
奶油110克

巧克力殼
為巧克力調溫(見28至32頁的技術)。將每種可可脂分開加熱至45°C融化,接著放涼至28°C。用糕點刷以隨機且和諧的方式刷在模型的凹槽裡,讓可可脂凝固幾分鐘後再倒入覆蓋巧克力,形成外殼(見88頁的技術)。

綠茶甘那許
在平底深鍋中加熱鮮奶油。離火,將茶葉浸泡在熱鮮奶油中15分鐘,以漏斗型網篩過濾,加入轉化糖,再度將鮮奶油加熱至50°C,接著倒入切成碎塊的巧克力中。在35-40°C時混入奶油,用手持電動攪拌棒攪打,放涼至28°C。填入擠花袋,將甘那許擠在巧克力殼中,填至距離邊緣約1.5公釐處,靜置凝固12小時。

最後修飾
在甘那許凝固後,倒入調溫過的覆蓋巧克力(用來製作外殼的同一批巧克力),將內餡封起,接著用三角刮刀刮去多餘的巧克力。靜置凝固後再品嚐。

JASMIN
茉香巧克力

56顆

準備時間
1小時

凝固時間
12小時

保存時間
以密封罐保存在16-18°C下可達1個月

器材
潔淨的直徑3公分的半球形矽膠模2盤
漏斗型濾器
手持式電動攪拌棒
擠花袋
三角刮刀
溫度計

材料

巧克力殼
可可含量56%的黑巧克力200克
食用亮粉（poudre irisée）10克
櫻桃酒10克

茉莉甘那許
Ganache au jasmin
脂肪含量35%的液態鮮奶油520克
茉莉花茶20克
轉化糖60克
山梨糖醇（sorbitol cristallisé）30克
可可含量66%的覆蓋黑巧克力（chocolat de couverture）210克
可可含量40%的覆蓋牛奶巧克力170克
奶油150克
茉莉純露（essence de jasmin）1克

巧克力殼

為巧克力調溫（見28至32頁的技術）。用櫻桃酒將亮粉拌開。以手指蘸取，在模型凹槽內劃出圓弧線條，接著讓酒精蒸發。倒入調溫過的巧克力，形成外殼（見88頁的技術）。

茉莉甘那許

在平底深鍋中加熱鮮奶油。離火，將茶葉浸泡在熱鮮奶油中15分鐘，以漏斗型濾器過濾奶油醬，濾去茶葉。在經過浸泡的鮮奶油中加入轉化糖和山梨糖醇，整個加熱至35°C。在這段時間，將預先切成碎塊的覆蓋巧克力隔水加熱至融化。接著將35°C的鮮奶油倒入融化的巧克力中，拌勻後混入切成小丁的奶油和茉莉純露。用手持電動攪拌棒攪打，以製作打發甘那許。放涼至28°C，填入擠花袋，將甘那許擠在巧克力殼中，填至距離邊緣約1.5公釐處。靜置凝固12小時。

最後修飾

在甘那許凝固後，倒入調溫過的巧克力（用來製作外殼的同一批巧克力），將內餡封起，接著用三角刮刀刮去多餘的巧克力。靜置凝固後再品嚐。

MACADAMIA MANDARINE
橘子夏威夷果巧克力

56顆

準備時間
1小時

凝固時間
12小時

保存時間
以密封罐保存在16-18℃下可達1個月

器材
漏斗型濾器
手持式電動攪拌棒
糕點刷
擠花袋
三角刮刀
溫度計
潔淨的直徑3公分的半球形矽膠模2盤

材料

巧克力殼
可可含量40%的牛奶巧克力200克
橙色可可脂50克

橘子夏威夷果甘那許 Ganache macadamia-mandarine
葡萄糖65克
糖100＋30克
橘子汁130克
山梨糖醇（sorbitol cristallisé）35克
可可脂20克
可可含量40%的覆蓋牛奶巧克力（chocolat de couverture au lait）160克
可可含量66%的覆蓋黑巧克力70克
奶油140克
皇家橘子酒（alcool de mandarine royale）50克
夏威夷果100克

巧克力殼
為巧克力調溫（見28至32頁的技術）。將橘色可可脂加熱至45℃融化，接著降溫至28℃，用糕點刷以隨機且和諧的方式刷在模型的凹槽裡，讓可可脂凝固幾分鐘後再倒入調溫過的巧克力，形成外殼（見88頁的技術）。

橘子夏威夷果甘那許 Ganache macadamia-mandarine
在平底深鍋將葡萄糖和100克的糖煮至形成金黃焦糖，加入預先加熱的橘子汁，如有需要，可再補水，形成280克的重量。加入山梨糖醇，拌勻並放涼至35℃。倒入預先切成碎塊並加熱至35℃融化的可可脂和巧克力，混入奶油小丁，用手持電動攪拌棒攪打至形成平滑的甘那許，接著加入酒。放涼至28℃，填入擠花袋，將甘那許擠在巧克力殼中至2/3滿。在平底深鍋中，將剩餘30克的糖煮至形成焦糖，並加入夏威夷果，讓夏威夷果被焦糖充分包覆，移至烤盤紙上，放涼後切半。輕輕將半顆夏威夷果塞入每個凹槽的甘那許中，靜置凝固12小時。

最後修飾
在甘那許凝固後，倒入調溫過的巧克力（用來製作外殼的同一批巧克力），將內餡封起，接著用三角刮刀刮去多餘的巧克力。靜置凝固後再品嚐。

PASSION
百香果

56顆

準備時間
1小時

凝固時間
12小時

保存時間
以密封罐保存在16-18℃下可達1個月

器材
直徑3公分的半球形矽膠模2盤
手持式電動攪拌棒
糕點刷
擠花袋
三角刮刀
溫度計

材料

巧克力殼
可可含量40%的牛奶巧克力200克
金粉10克
櫻桃酒10克
黃色可可脂50克

百香果甘那許 Ganache passion
百香果肉500克
糖450克
葡萄糖45克
可可含量40%的覆蓋牛奶巧克力450克
低水分奶油（beurre sec）150克

巧克力殼

為巧克力調溫（見28至32頁的技術）。用櫻桃酒將金粉拌開，以潔淨的可拋棄式紙巾蘸取，擦在模型凹槽內，接著讓酒精蒸發。將黃色可可脂加熱至30℃融化，用糕點刷以隨機且和諧的方式刷在金色的模型凹槽裡，讓可可脂凝固幾分鐘後再倒入調溫過的巧克力，形成外殼（見88頁的技術）。

百香果甘那許 Ganache passion

在平底深鍋中將果肉、糖和葡萄糖煮至105℃。停止烹煮，放涼至60℃。將巧克力切碎塊，隔水加熱至35℃融化。接著將熱的果肉倒入融化的巧克力中，形成內餡。在35℃時混入奶油，用手持電動攪拌棒攪打，放涼至28℃。填入擠花袋，將甘那許擠在巧克力殼中，填至距離邊緣約1.5公釐處。靜置凝固12小時。

最後修飾

在甘那許凝固後，倒入調溫過的巧克力（用來製作外殼的同一批巧克力），將內餡封起，接著用三角刮刀刮去多餘的巧克力。靜置凝固後再品嚐。

TRUCS ET ASTUCES DE CHEFS
必學主廚技巧

亦可用覆盆子、黑醋栗或杏桃果肉來取代百香果果肉。

EXOTIQUE
異國風味巧克力

56顆

準備時間
1小時

凝固時間
12小時

保存時間
以密封罐保存在16-18°C處可達1個月

器材
手持式電動攪拌棒
糕點刷
直徑3公分的半球形矽膠模2盤
擠花袋
溫度計

材料

巧克力殼
可可含量62%的覆蓋黑巧克力(chocolat de couverture)200克
橙色可可脂10克
紅色可可脂10克

異國風味甘那許
Ganache exotique
葡萄糖120克
糖150克
香蕉泥180克
鳳梨泥90克
山梨糖醇70克
可可含量40%的覆蓋牛奶巧克力(chocolat de couverture au lait)320克
可可含量66%的墨西哥覆蓋黑巧克力130克
可可脂40克
奶油270克
馬里布酒(Malibu，以蘭姆酒和椰子為基底的利口酒)20克

巧克力殼
為巧克力調溫(見28至32頁的技術)。將每種可可脂分開加熱至30°C融化，用糕點刷將各種融化的彩色可可脂噴灑在模型的凹槽裡，形成美麗的圖樣。讓可可脂凝固幾分鐘後再倒入調溫過的巧克力，形成外殼(見88頁的技術)。

異國風味甘那許
在平底深鍋中倒入葡萄糖和糖，製作焦糖，倒入預先加熱的香蕉和鳳梨果泥。為焦糖秤重，如有需要，可再補水，形成280克的重量。加入山梨糖醇，放涼至35°C。將預先切成碎塊的覆蓋巧克力隔水加熱至融化。在焦糖達35°C時，倒入可可脂和融化的巧克力中。混入奶油，用手持電動攪拌棒攪打，加入馬里布酒，再度用電動攪拌棒攪拌。放涼至28°C，填入擠花袋，將甘那許擠在巧克力殼中，填至距離邊緣約1.5公釐處。靜置凝固12小時。

最後修飾
在甘那許凝固後，倒入調溫過的巧克力(用來製作外殼的同一批巧克力)，將內餡封起，接著用三角刮刀刮去多餘的巧克力。靜置凝固後再品嚐。

PRALINÉ CITRON
檸檬帕林內

150顆

準備時間
1小時

凝固時間
12+2小時

調溫時間
1小時

保存時間
以密封罐保存可達2周

器材
邊長36公分且高1公分的正方框模
竹籤
巧克力造型專用紙(Feuille guitare)
調溫巧克力叉
糕點刷
溫度計

材料
可可脂130克
覆蓋牛奶巧克力130克
檸檬4顆
杏仁帕林內1.3公斤

糖衣Enrobage
可可含量40%的覆蓋牛奶巧克力1公斤

裝飾
黃色可可脂20克

將可可脂和覆蓋牛奶巧克力一起隔水加熱至融化。

清洗檸檬並刨下皮。

將檸檬皮和融化的覆蓋巧克力加入帕林內中，整個拌勻。

在溫度降至28°C時，倒入正方框模中，以16°C靜置凝固12小時。

糖衣Enrobage
為巧克力調溫(見28至32頁的技術)。在甘納許充分凝固時，切成4×1.5公分的長方形，浸入調溫過的巧克力中，讓巧克力充分包覆(見94頁的技術)。

裝飾
將黃色可可脂加熱至30°C融化，用糕點刷將融化的可可脂鋪在巧克力造型專用紙上，接著用竹籤畫出蔓藤花紋，靜置凝固後切成5×2公分的長方形。可可脂面朝上，連同造型專用紙將長方片擺在剛裹上糖衣的巧克力上。靜置凝固2小時後再將每顆巧克力上的造型專用紙移除。

ABRICOT PASSION
百香杏桃巧克力

150顆

準備時間
1小時

凝固時間
12+3小時

調溫時間
1小時

保存時間
以密封罐保存可達2周

器材
邊長36公分且高1公分的正方框模
巧克力造型專用紙
打蛋器
調溫巧克力叉
矽膠烤墊
溫度計

材料

杏桃水果軟糖 Pâte de fruits abricot
杏桃果泥350克
黃色果膠9克
糖50+350克
葡萄糖90克
檸檬汁6克

百香果牛奶甘那許 Ganache lactée passion
吉瓦那（jivara）牛奶巧克力750克
可可含量58%的覆蓋巧克力300克
百香果泥375克
轉化糖150克
山梨糖醇45克
奶油225克

糖衣
可可含量40%的覆蓋牛奶巧克力1公斤

杏桃水果軟糖
將杏桃果泥放入平底深鍋中，加熱至40°C，接著混入預先混合50克糖的果膠，一邊攪拌，煮沸後加入葡萄糖，並分2至3次加入剩餘350克的糖，持續煮沸。煮至106°C後加入檸檬汁，倒入擺在矽膠烤墊的正方框模中，放至完全冷卻。

百香果牛奶甘那許
將2種巧克力放入碗中。將百香果泥、轉化糖和山梨糖醇煮沸，全部倒在覆蓋巧克力上，用刮刀拌勻。當備料達35°C時，混入切塊奶油拌勻。將完成的甘納許倒入杏桃水果軟糖的正方框模中，以16°C靜置凝固12小時。

糖衣
為巧克力調溫（見28至32頁的技術）。在正方框模中的甘納許充分凝固時，切成4×1.5公分的長方形，接著浸入調溫過的巧克力中，讓巧克力充分包覆。用雙手將巧克力造型專用紙揉皺，接著切成5×2公分的長方形。擺在每顆裹好糖衣的巧克力糖上，靜置凝固3小時後，輕輕剝掉巧克力造型專用紙。

MIEL ORANGE
柳橙蜂蜜巧克力

150顆

準備時間
1小時

凝固時間
12+2小時

調溫時間
1小時

保存時間
以密封罐保存可達2周

器材
邊長36公分且高1公分的正方框模
調溫巧克力叉
手持式電動攪拌棒
溫度計

材料

甘那許
脂肪含量35%的液態鮮奶油350克
栗子花蜜170克
鹽之花2克
柳橙皮10克
山梨糖醇50克
葡萄糖60克
覆蓋牛奶巧克力130克
可可含量66%的覆蓋黑巧克力(chocolat de couverture)450克
可可脂50克
低水分奶油(beurre sec)80克

糖衣
可可含量56%的覆蓋黑巧克力1公斤

裝飾
巧克力轉印紙(圖案自選)

在平底深鍋中將液態鮮奶油、蜂蜜、鹽之花、柳橙皮、山梨糖醇和葡萄糖加熱至35°C。

在隔水加熱鍋中，將切成碎塊的2種巧克力和可可脂加熱至35°C融化。

將熱液體倒入巧克力中，接著以手持電動攪拌棒攪拌至形成甘那許。

混入膏狀的低水份奶油，再度以手持電動攪拌棒攪打。

倒入正方框模中，以16°C靜置凝固12小時。

糖衣
為巧克力調溫(見28至32頁的技術)。在正方框模中的甘納許充分凝固時，切成4×1.5公分的長方形，接著浸入調溫過的巧克力中，讓巧克力充分包覆。

裝飾
將巧克力轉印紙切成5×2公分的長方形。將長方形轉印紙擺在剛包覆糖衣的巧克力糖上。靜置凝固2小時後再將每顆巧克力上的轉印紙剝除。

PISTACHE
開心果

150顆

準備時間
1小時

凝固時間
12+3小時

調溫時間
1小時

保存時間
以密封罐保存可達2周

器材
邊長36公分且高1公分的正方框模
調溫巧克力叉
擀麵棍
溫度計

材料

開心果杏仁膏 Pâte d'amandes pistaches
杏仁膏600克
開心果醬(pâte de pistaches)70克

開心果甘那許 Ganache pistaches
脂肪含量35%液態鮮奶油300克
轉化糖55克
山梨糖醇(sorbitol)20克
開心果醬22克
加勒比覆蓋巧克力(chocolat de couverture Caraïbe)355克
奶油80克
櫻桃酒(kirsch)10克

糖衣
可可含量56%的覆蓋黑巧克力1公斤

裝飾
開心果150克

杏仁膏Pâte d'amandes
用刮刀混合杏仁膏和開心果醬。用擀麵棍擀至模型大小，即邊長36公分片狀，並擺在正方框模中。

開心果甘那許 Ganache pistaches
在平底深鍋中將鮮奶油和轉化糖煮沸，接著加入山梨糖醇和開心果醬。倒入預先切成碎塊的覆蓋巧克力。在備料達35°C時，混入奶油和櫻桃酒。在20°C時將甘納許倒入鋪有開心果杏仁膏的正方框模中，以16°C靜置凝固12小時。

糖衣
為巧克力調溫(見28至32頁的技術)。在正方框模中的巧克力糖充分凝固時，切成4×1.5公分的長方形，接著以調溫巧克力叉浸入完成調溫的巧克力中，讓巧克力充分包覆。

裝飾
用調溫巧克力叉在巧克力糖表面壓出條紋，再擺上開心果。再度靜置凝固。

BASILIC
羅勒巧克力

150顆

準備時間
1小時

凝固時間
12+3小時

保存時間
以密封罐保存可達2周

器材
邊長36公分且高1公分的正方框模
漏斗型濾器
PF18花嘴
調溫巧克力叉
手持式電動攪拌棒
溫度計

材料
脂肪含量35%的液態鮮奶油290克
檸檬泥(purée de citrons)60克
檸檬皮15克
羅勒葉15片
轉化糖50克
葡萄糖50克
山梨糖醇50克
覆蓋牛奶巧克力370克
可可含量66%的墨西哥覆蓋黑巧克力(chocolat de couverture)400克
可可脂20克
奶油55克

糖衣
可可含量58%的覆蓋黑巧克力(chocolat de couverture)1公斤

裝飾
食用綠色亮粉(poudre irisée verte)5克
櫻桃酒10克

在平底深鍋中，將液態鮮奶油和檸檬泥加熱至40℃，用來浸泡檸檬皮和預先切碎的羅勒葉。

15分鐘後，用漏斗型濾器過濾。再將浸泡後的鮮奶油倒回平底深鍋，加入轉化糖、葡萄糖和山梨糖醇，再度加熱至35℃的溫度。

在隔水加熱的平底深鍋中，將覆蓋巧克力和可可脂加熱至35℃融化，將浸泡加熱後的鮮奶油倒入融化的巧克力中。

用手持電動攪拌棒攪打至乳化。

混入奶油，再度以手持電動攪拌棒攪打至均質。

倒入正方框模中，以16℃靜置凝固12小時。

糖衣
為巧克力調溫(見28至32頁的技術)。在正方框模中的甘納許充分凝固時，切成4×1.5公分的長方塊，接著浸入調溫過的巧克力中，讓巧克力充分包覆。

裝飾
用櫻桃酒將綠色亮粉拌開。將花嘴末端浸入亮粉中，在巧克力糖表面印上綠色小點，再度靜置凝固。

CARAMEL SALÉ
鹹焦糖巧克力

150顆

準備時間
1小時

凝固時間
12＋3小時

調溫時間
1小時

保存時間
以密封罐保存可達2周

器材
邊長36公分且高1公分的正方框模
調溫巧克力叉
手持式電動攪拌棒
玻璃紙（Feuille de Rhodoïd）（5×3公分）
溫度計

材料
葡萄糖70克（DE糖化量60）
砂糖150克
脂肪含量35%的液態鮮奶油400克
山梨糖醇70克
鹽之花5克
覆蓋牛奶巧克力（chocolat de couverture au lait）380克
可可含量56%的黑巧克力180克
可可膏120克
可可脂75克

糖衣
可可含量56%的覆蓋黑巧克力1公斤

裝飾
金粉5克
櫻桃酒20克

在平底深鍋將葡萄糖和砂糖煮至形成金黃焦糖。

將液態鮮奶油、山梨糖醇和鹽之花煮沸。分幾次將熱鮮奶油倒入焦糖中，一邊用刮刀攪拌。如有需要，可加入少量的水，達到680克的重量，放涼。

待焦糖達35°C時，倒入預先加熱至35°C融化的覆蓋巧克力中，接著以手持電動攪拌棒攪打。

混入融化的可可脂，再度以手持電動攪拌棒攪打。倒入正方框模中，以16°C靜置凝固12小時。

糖衣
為巧克力調溫（見28至32頁的技術）。在正方框模中的甘納許充分凝固時，切成4×1.5公分的長方形，接著用巧克力調溫叉浸入調溫過的巧克力中，讓巧克力充分包覆。再度靜置凝固。

裝飾
用櫻桃酒將金粉拌開。將玻璃紙一側浸入金粉中，在巧克力糖表面劃出金黃色的細線。

BARRES CÉRÉALES
穀物棒 **158**

BARRES CACAHUÈTES
花生棒 **160**

BARRES FRUITS ROUGES
紅莓果棒 **162**

BARRES PASSION
百香果棒 **164**

LES BARRES CHOCOLATÉES
巧克力棒

BARRES CÉRÉALES
穀物棒

10 根

準備時間
1小時30分鐘

加熱時間
15分鐘

靜置時間
2小時

凝固時間
30至45分鐘

保存時間
以密封罐保存可達1周

器材
邊長16公分的正方框模
刮板
竹籤
曲型抹刀
電動攪拌機
矽膠烤墊
溫度計

材料
生杏仁（amandes brutes）100克
榛果100克
胡桃100克
南瓜籽（graines de courge）75克
燕麥片（flocons d'avoine）50克
米香30克
鹽之花1克
蛋白60克
糖250克
葡萄糖25克
吉利丁粉12克
水75＋72克

糖衣
可可含量40%的覆蓋牛奶巧克力500克
牛奶鏡面淋醬（pâte à glacer au lait）200克
葡萄籽油40克
可可脂90克

在不沾烤盤上鋪杏仁和榛果，入烤箱以150°C（溫控器5）烘焙約15分鐘。

用刀將杏仁、榛果和胡桃約略切碎，連同南瓜籽、燕麥片、爆米香和鹽之花一起放入大碗中。

在裝有打蛋器電動攪拌機的攪拌缸中，將蛋白打發。

在平底深鍋中，將糖、葡萄糖和75克的水煮至130°C。糖漿一煮好，以細線狀倒入打發蛋白中，持續攪打，接著加入預先以72克的水還原後融化的吉利丁。均勻攪拌後，在常溫下放涼。

在備料達40°C時，加入堅果等混料，用橡皮刮刀輕輕攪拌。倒入正方框模中，框模預先擺在鋪有矽膠烤墊的烤盤上，表面用曲型抹刀抹平後，放涼2小時。

刀身浸入極燙的水，取出擦乾，將脫模的穀物塊切成10×2公分的棒狀，在每條穀物棒表面插上2根竹籤。

糖衣
在隔水加熱的平底深鍋中，將巧克力和鏡面淋醬加熱至35°C融化，接著加入油。將可可脂加熱至40°C融化，並加入融化的巧克力中拌勻。將穀物棒的二面浸入巧克力糖衣中包覆。擺在烤盤紙上，靜置凝固。

BARRES CACAHUÈTES
花生棒

10 根

準備時間
1小時30分鐘

加熱時間
45分鐘

凝固時間
30至45分鐘

保存時間
以密封罐保存可達1周

器材
電動攪拌機
邊長16公分的正方框模
刮板
竹籤
曲型抹刀
食物調理機
擀麵棍
網篩
矽膠烤墊
溫度計

材料

花生甜酥塔皮Pâte sucrée cacahuète
鹽烤花生45克
奶油68克
糖68克
杏仁粉45克
麵粉68克

花生蛋糕體
Biscuit cacahuète
蛋白霜 Meringue
蛋白38克
糖23克
蛋糕體基底
Base biscuit
麵粉30克
玉米澱粉8克
蛋50克
蛋黃23克
糖50克
用食物調理機攪打成粉的鹽烤花生75克
奶油38克

鹹奶油焦糖
糖50克
葡萄糖40克
脂肪含量35%的液態鮮奶油60克
甜煉乳30克
香草莢1/2根
奶油80克
鹽之花1克

糖衣 Enrobage
可可含量40%的覆蓋牛奶巧克力500克
牛奶鏡面淋醬（pâte à glacer au lait）200克
葡萄籽油40克
可可脂90克
烤花生幾顆
金箔

花生甜酥塔皮
用食物調理機將花生約略打成粉。用刮刀將奶油、糖、杏仁粉、花生粉和麵粉攪拌至形成麵團。揉成球狀，用保鮮膜包起，接著冷藏保存至麵團變得融合。將麵團擀至4公釐的厚度，擺入邊長16公分的正方框模，按壓裁切。將正方框模連同塔皮擺在鋪有烤盤紙的烤盤上。在製作蛋糕體時冷藏保存。

蛋白霜
用電動攪拌機將蛋白和糖以高速打發成泡沫狀。

花生蛋糕體
將麵粉和澱粉一起過篩。在碗中混合蛋、蛋黃、糖、花生粉，以及過篩的麵粉和澱粉，加入還溫熱的融化奶油並拌勻，用刮刀混入蛋白霜至均勻。倒在生的正方形花生甜酥塔皮上。放入160°C（溫控器5/6）的旋風烤箱中烤20至30分鐘。

鹹奶油焦糖
在平底深鍋中，將糖和葡萄糖煮至形成焦糖，加入預先加熱的鮮奶油、煉乳和從剖半的香草莢中刮出的香草籽。秤重，如有需要，可再補水，形成150克的重量。混入奶油和鹽之花，接著用手持式電動攪拌棒攪拌。放涼後再使用。

糖衣
在隔水加熱的平底深鍋中，將巧克力和鏡面淋醬加熱至35°C融化，接著加入油。將可可脂加熱至40°C融化，加入融化的巧克力拌勻。

組裝
將焦糖淋在烤好蛋糕體上，冷凍凝固。刀身浸入極燙的水，取出擦乾切成10×2公分的棒狀。讓棒狀蛋糕體浸入巧克力糖衣中完全裹上，在鏡面凝固之前擺上幾顆花生，用金箔裝飾，讓巧克力棒在鋪有烤盤紙的烤盤上凝固。

BARRES FRUITS ROUGES
紅莓果棒

10 根

準備時間
2小時

加熱時間
30至40分鐘

冷藏時間
4小時

凝固時間
30至45分鐘

保存時間
以密封罐保存可達1周

器材
邊長16公分的正方框模
刮板
打蛋器
擀麵棍
網篩
溫度計

材料

甜酥塔皮
Pâte sucrée
奶油90克
糖90克
杏仁粉60克
麵粉90克

蛋糕體 Biscuit
蛋75克
糖60克
金合歡花蜜15克
麵粉75克
泡打粉2.5克
鹽0.5克
檸檬皮1/4顆
奶油70克
新鮮覆盆子20克

覆盆子蔓越莓果凝
Gelée de framboise et cranberry
覆盆子泥100克
蔓越莓汁40克
糖100+12克
NH 果膠6克
蔓越莓乾80克

糖衣
可可含量66%的覆蓋黑巧克力(chocolat de couverture)500克
黑色鏡面淋醬200克
葡萄籽油50克
可可脂70克

甜酥塔皮
在沙拉碗中，用打蛋器攪打奶油至形成膏狀。加入糖、杏仁粉和麵粉，用手攪拌至形成麵團。用保鮮膜包起，冷藏2小時。將麵團擀至4公釐的厚度，擺入邊長16公分的正方框模，按壓裁切。將框模連同麵團擺在鋪有烤盤紙的烤盤上。在製作蛋糕體時冷藏保存。

蛋糕體
將蛋、糖和蜂蜜放入碗中，接著用打蛋器打發至形成如緞帶般濃稠的質地（可以電動攪拌機製作）。將麵粉、泡打粉和鹽一起過篩，混入先前的蛋糊中，加入檸檬皮。預先將奶油加熱至完全融化，奶油應為液體，但請在放涼後使用。將融化奶油混入麵糊中，用刮刀拌勻。將蛋糕體麵糊倒入正方框模中的生甜酥塔皮上，在麵糊表面放上新鮮覆盆子，入烤箱以180°C（溫控器6）烤約15至20分鐘。在常溫下放涼。

覆盆子蔓越莓果凝
在平底深鍋中將覆盆子泥、蔓越莓汁、和100克的糖加熱至40°C。混合剩餘12克的糖和果膠，接著撒入鍋中煮沸，不停攪拌。

糖衣
在隔水加熱的平底深鍋中，將巧克力和鏡面淋醬加熱至35°C融化，接著加入油。將可可脂加熱至40°C融化，倒入融化的巧克力中拌勻。

組裝
將熱的紅莓果凝倒在放涼的蛋糕體上，在果凝上放蔓越莓乾，冷藏凝固約2小時。刀身浸入極燙的熱水，取出擦乾切成10×2公分的長方形。將蛋糕部分浸入巧克力糖衣中，表面不浸入果凝仍明顯可見。擺在鋪有烤盤紙的烤盤上，靜置凝固。

BARRES PASSION
百香果棒

10 根

準備時間
2小時

加熱時間
30分鐘

冷藏時間
3小時

凝固時間
30至45分鐘

保存時間
以密封罐保存可達1周

器材
邊長16公分的正方框模
刮板
手持式電動攪拌棒
電動攪拌機
擀麵棍
網篩
溫度計

材料

榛果麵團
Pâte noisettes
麵粉75克
糖粉12.5克
奶油60克
生榛果粉50克
泡打粉0.25克
蛋15克

蛋糕體Biscuit
榛果粉90克
膏狀奶油75克
糖粉90克
蛋60克
榛果醬25克

百香果甘那許
Ganache passion
脂肪含量35%的液態鮮奶油100克
轉化糖27克
法芙娜伊芙兒(ivoire)白巧克力300克
吉利丁片4克
百香果泥40克

糖衣
可可含量36%的覆蓋白巧克力600克
白色鏡面淋醬200克
葡萄籽油50克
可可脂70克
黃色可可脂20克
椰子絲100克

榛果麵團
在裝有攪拌槳電動攪拌機的攪拌缸中，倒入預先過篩的麵粉和糖粉、切成小塊的冷奶油、榛果粉和泡打粉。攪拌至形成沙狀質地，接著加入蛋液，攪拌至形成麵團。揉成球狀，以保鮮膜包起，冷藏保存20分鐘。將麵團擀至4公釐的厚度，擺入邊長16公分的正方框模，按壓裁切。將正方框模連同麵團擺在鋪有烤盤紙的烤盤上。在製作蛋糕體時冷藏保存。

蛋糕體
將榛果粉鋪在裝有烤盤紙的烤盤上，入烤箱以160℃（溫控器5/6）最多烤10分鐘，放涼。在碗中攪打膏狀奶油和糖粉，加入烤過的榛果粉，一次拌入1顆蛋，最後加入榛果醬。將拌好的榛果麵糊倒入正方框模的麵團上，入烤箱以180℃（溫控器6）烤約20分鐘。

百香果甘那許
在平底深鍋中將鮮奶油和轉化糖煮沸，倒入切成碎塊的巧克力中，用手持電動攪拌棒攪打至乳化，混入泡開並擰乾的吉利丁。逐量加入百香果泥，一邊以電動攪拌棒攪打至均勻。將甘那許倒在正方框模烤好的榛果蛋糕體上，冷藏凝固至少3小時。刀身浸入極燙的熱水，取出擦乾切成10×2公分的棒狀。

糖衣
在隔水加熱的平底深鍋中，將巧克力和鏡面淋醬加熱至35℃融化，接著加入油。將可可脂加熱至40℃融化，接著加入黃色可可脂，全部倒入融化的巧克力中拌勻。將棒狀蛋糕體浸入巧克力糖衣中，讓巧克力充分包覆表面，再沾裹上椰子絲。擺在鋪有烤盤紙的烤盤上，靜置凝固。

CHOCOLAT CHAUD
熱巧克力 **168**

CHOCOLAT CHAUD ÉPICÉ
香料熱巧克力 **170**

CHOCOLAT LIÉGEOIS
列日巧克力 **172**

MILKSHAKE AU CHOCOLAT
巧克力奶昔 **174**

IRISH COFFEE CHOCOLAT
巧克力愛爾蘭咖啡 **176**

LES BOISSONS CHOCOLATÉES
巧克力飲品

CHOCOLAT CHAUD
熱巧克力

1公升

準備時間
10分鐘

加熱時間
5分鐘

保存時間
立即享用

器材
碗
打蛋器

材料
全脂牛乳500克
脂肪含量35%的液態鮮奶油500克
糖40克
可可含量70%的黑巧克力150克
可可含量65%的黑巧克力150克

在平底深鍋中將牛乳、鮮奶油和糖煮沸。

用刀將2種巧克力切碎。

將切碎的巧克力放入碗中，接著分幾次倒入煮沸的液體，一邊攪拌至均勻。

趁熱享用。

CHOCOLAT CHAUD ÉPICÉ
香料熱巧克力

約1公升

準備時間
10分鐘

浸泡時間
5分鐘

保存時間
立即享用

器材
打蛋器

材料
半脫脂牛乳1公升
香料麵包綜合香料(mélange d'épices à pain d'épice)2克
肉桂棒2根
可可含量60%的黑巧克力100克
可可含量40%的牛奶巧克力100克
可可含量70%的黑巧克力100克

在平底深鍋中將牛乳煮沸。離火，加入綜合香料和肉桂棒，浸泡約20分鐘。

用刀將3種巧克力切碎。

將切碎的巧克力放入碗中，接著分幾次倒入煮沸的液體，一邊攪拌。

趁熱享用。

CHOCOLAT LIÉGEOIS
列日巧克力

6至8人份

準備時間
10分鐘

加熱時間
5分鐘

保存時間
立即享用

器材
打蛋器
擠花袋＋星形花嘴

材料

熱巧克力
Chocolat chaud
全脂牛乳500克
脂肪含量35%的液態鮮奶油500克
糖40克
可可含量70%的黑巧克力150克
可可含量65%的黑巧克力150克

香草馬斯卡彭香醍鮮奶油 Chantilly mascarpone vanillée
脂肪含量35%的液態鮮奶油200克
糖16克
馬斯卡彭乳酪50克
香草莢1根

熱巧克力
製作熱巧克力（見168頁的配方）。

香草馬斯卡彭香醍鮮奶油
用少量的液態鮮奶油將碗中的馬斯卡彭乳酪拌軟。將香草莢剖半並刮下籽。將剩餘的液態鮮奶油和糖混合拌勻，全部倒入攪拌至軟化的馬斯卡彭乳酪中，攪打至形成柔軟質地。

組裝
視個人喜好而定，在大玻璃杯中倒入熱或冷的巧克力，用裝有星形花嘴的擠花袋，將馬斯卡彭香醍鮮奶油擠在巧克力上。品嚐。

MILKSHAKE AU CHOCOLAT
巧克力奶昔

225克的大玻璃杯
4杯

準備時間
10分鐘

冷藏時間
至少20分鐘

保存時間
立即享用

器材
4個大玻璃杯
果汁機

材料

巧克力雪酪
Sorbet chocolat
可可含量70%的
黑巧克力325克
水1公升
奶粉20克
糖250克
蜂蜜50克

奶昔Milkshake
半脫脂（或全脂）
牛乳400克
可可粉70克

巧克力雪酪
將巧克力切碎，以小火隔水加熱至融化。在平底深鍋中，將水、奶粉和蜂蜜煮沸2分鐘，緩慢將1/3的熱糖蜜倒入融化的巧克力中，接著用橡皮刮刀以畫小圈的方式用力攪拌，以形成具彈性有光澤的基底（noyau），這時再混入1/3，以同樣方式攪拌，接著以同樣方式混入最後的1/3。用手持電動攪拌棒攪打幾秒，攪拌至質地平滑且充分乳化。再將巧克力糊倒回鍋中，加熱至85°C，不停攪拌。移至密閉容器中，冷藏以便快速冷卻。冷藏熟成至少12小時，再度用手持電動攪拌棒攪拌，放入冰淇淋機中。請依製造商說明進行操作製成雪酪。移至冰盒，將表面抹平，冷凍至-35°C，之後儲存在-20°C。

奶昔
將4個大玻璃杯冷藏保存至少20幾分鐘。將400克的雪酪和所有奶昔的材料一起放入果汁機攪打。倒入冰涼的杯中，立即品嚐。

TRUCS ET ASTUCES DE CHEFS
必學主廚技巧

可用黑巧克力、白巧克力或牛奶巧克力
來取代黑巧克力製成雪酪。

IRISH COFFEE CHOCOLAT
巧克力愛爾蘭咖啡

10人份

準備時間
45分鐘

冷藏時間
1小時30分鐘

保存時間
立即享用

器材
10個小玻璃杯
漏斗型濾器
直徑4公分的三葉草形狀壓模
直徑7公分的圓形壓模
手持式電動攪拌棒
電動攪拌機
擠花袋
網篩
溫度計

材料
巧克力酥餅塔皮（見66頁技術）1份

咖啡奶油乳霜
Crémeux café
脂肪含量35%的液態鮮奶油40克
咖啡豆15克
全脂牛乳50克
糖10克
蛋黃30克
吉利丁片2.5克
牛奶巧克力40克
奶油25克

黑巧克力慕斯
Suprême chocolat noir
可可含量70%的黑巧克力75克
全脂牛乳250克
脂肪含量35%的液態鮮奶油25＋100克
糖20克
洋菜1克

馬斯卡彭乳酪香醍鮮奶油
Crème chantilly mascarpone
馬斯卡彭乳酪50克
脂肪含量35%的液態鮮奶油200克
砂糖16克
香草莢1根

咖啡威士忌果凝
Gelée de café-whisky
洋菜4克
水300克
威士忌100克
糖50克
即溶咖啡粉1大匙

巧克力酥餅塔皮
製作酥餅塔皮（見66頁的技術）。將麵團擀至2公釐的厚度，接著用壓模裁成10個和裝盛玻璃杯同樣直徑大小的圓。用三葉草形狀的壓模裁切圓形塔皮中央，擺在鋪有矽膠烤墊的烤盤上，入烤箱以170°C（溫控器5/6）烤約8分鐘。

咖啡奶油乳霜
用鮮奶油冷泡咖啡豆24小時，過濾。在平底深鍋中加熱咖啡浸泡液，並加入牛乳、糖和蛋黃，以製作英式奶油醬，倒入切成碎塊的巧克力中，攪拌後混入預先泡開並擰乾的吉利丁，冷藏放涼。在奶油醬降溫達35°C時，加入奶油，用手持電動攪拌棒攪打。填入擠花袋，在每個玻璃杯中擠入咖啡奶油乳霜約1/3高，接著冷藏保存30分鐘。

黑巧克力慕斯
將巧克力隔水加熱至融化。在另1個平底深鍋中將牛乳、25克的鮮奶油、糖和預先混合的洋菜煮沸。將1/3的混料倒入融化的巧克力中，接著分2次倒入另外2/3的混料。用手持電動攪拌棒攪打至完全平滑，放涼。將剩餘的100克鮮奶油攪打至形成泡沫狀質地。在巧克力達35°C時，輕輕混入打發的鮮奶油，填入擠花袋並預留備用。

馬斯卡彭乳酪香醍鮮奶油
在裝有打蛋器電動攪拌機的攪拌缸中，將馬斯卡彭乳酪稍微拌軟。加入鮮奶油、糖和從剖半香草莢刮出的香草籽，接著全部打發至形成香醍鮮奶油。將馬斯卡彭乳酪香醍鮮奶油填入擠花袋，以製作咖啡最頂層1/3的配料。冷藏凝固30分鐘。

咖啡威士忌果凝
加熱洋菜和水，接著煮沸後攪拌2分鐘。加入糖、威士忌並拌勻，離火後在平底深鍋中加入即溶咖啡粉。保留作為裝飾。

組裝
將巧克力慕斯擠在咖啡奶油乳霜上，形成1/3高。馬斯卡彭乳酪香醍鮮奶油擠在巧克力慕斯上，形成最頂層的1/3，冷藏保存30分鐘。為了裝飾，將仍為液態但放涼的果凝倒在表面，靜置稍微凝固後，擺上酥餅塔皮圓餅。

MOUSSES AUX CHOCOLATS 巧克力慕斯 **180**
BROWNIES 布朗尼 **182**
MOELLEUX AU CHOCOLAT 軟芯巧克力蛋糕 **184**
CAKE MARBRÉ 大理石蛋糕 **186**
FINANCIERS AU CHOCOLAT 巧克力費南雪 **188**
SABLÉS AU CHOCOLAT 巧克力酥餅 **190**
COOKIES 餅乾 **192**
CAKE AU CHOCOLAT 巧克力蛋糕 **194**
BRIOCHE GIANDUJA 占度亞榛果巧克力布里歐 **196**
TARTE AU CHOCOLAT 巧克力塔 **198**
SOUFFLÉ AU CHOCOLAT 巧克力舒芙蕾 **200**
MADELEINES AU CHOCOLAT 巧克力瑪德蓮蛋糕 **202**
ROCHERS CHOCOLAT AUX FRUITS SECS
堅果岩石巧克力 **204**
MIKADO 天皇巧克力 **206**
PETITS POTS DE CRÈME AU CHOCOLAT
巧克力布丁 **208**
ÉCLAIRS AU CHOCOLAT 巧克力閃電泡芙 **210**
PROFITEROLES 泡芙 **212**
MERINGUE AU CHOCOLAT 巧克力蛋白餅 **214**
FLORENTINS 焦糖杏仁酥 **216**
MACARONS CHOCOLAT AU LAIT
牛奶巧克力馬卡龍 **218**
MACARONS CHOCOLAT NOIR 黑巧克力馬卡龍 **220**
FLAN AU CHOCOLAT 巧克力蛋塔 **222**
RELIGIEUSE AU CHOCOLAT 巧克力修女泡芙 **224**
CANELÉS AU CHOCOLAT 巧克力可麗露 **226**
MERVEILLEUX 絶妙蛋糕 **228**
GUIMAUVE AU CHOCOLAT 巧克力棉花糖 **230**
CRÊPES AU CHOCOLAT 巧克力可麗餅 **232**
CARAMELS AU CHOCOLAT 巧克力焦糖 **234**
NOUGAT AU CHOCOLAT 巧克力牛軋糖 **236**

LES RECETTES INCONTOURNABLES

必學的經典配方

MOUSSES AUX CHOCOLATS
巧克力慕斯

8人份

準備時間
1小時

冷藏時間
2小時

保存時間
冷藏可達48小時

器材
電動攪拌機
溫度計

材料

英式奶油醬
Crème anglaise
全脂牛乳100克
脂肪含量35%的液態鮮奶油100克
糖30克
蛋黃30克

黑巧克力慕斯
Mousse au chocolat noir
可可含量64%的黑巧克力100克
可可粉50克
奶油75克
英式奶油醬（crème anglaise）250克
吉利丁粉4克
水24克
脂肪含量35%的液態鮮奶油500克
糖50克

牛奶巧克力慕斯
Mousse au chocolat au lait
可可含量40%的牛奶巧克力100克
奶油50克
英式奶油醬250克
吉利丁粉8克
水48克
脂肪含量35%的液態鮮奶油500克
糖50克

白巧克力慕斯
Mousse au chocolat blanc
法芙娜伊芙兒（ivoire）白巧克力200克
奶油50克
英式奶油醬250克
吉利丁粉8克
水48克
脂肪含量35%的液態鮮奶油500克
糖粉50克

英式奶油醬
製作英式奶油醬（見50頁的技術）

慕斯
將巧克力和奶油隔水加熱至融化。若要製作黑巧克力慕斯版本，請加入可可粉。在平底深鍋中，加熱英式奶油醬，接著混入預先泡開的吉利丁。將英式奶油醬倒入融化的巧克力中拌勻，用電動攪拌機，將液態鮮奶油和糖粉攪打至形成結實的質地。用橡皮刮刀將打發鮮奶油輕輕混入巧克力英式奶油醬中，移至小碗中，冷藏保存2小時。

BROWNIES
布朗尼

4人份

準備時間
30分鐘

加熱時間
25至30分鐘

保存時間
以保鮮膜妥善包裝，在乾燥處保存可達3至4日

器材
邊長18公分的正方模
網篩
溫度計
電動攪拌機

材料
奶油100克
黑巧克力120克
蛋100克
糖60克
麵粉40克
核桃仁30克

將奶油和切成碎塊狀巧克力隔水加熱至融化。

在裝有打蛋器電動攪拌機的攪拌缸中，攪打蛋和糖至少7分鐘至泛白。

在奶油和融化的巧克力等混料達45°C時，分3次倒入蛋糊中，以中速攪拌。務必要維持沙巴雍（sabayon）的體積。

逐量加入過篩的麵粉和核桃，一邊以橡皮刮刀攪拌。

倒入模型中，入烤箱以160°C（溫控器5/6）烤25至30分鐘。

冷卻後切成規則的方塊。

TRUCS ET ASTUCES DE CHEFS
必學主廚技巧

可用英式奶油醬、香醍鮮奶油或香草冰淇淋來搭配布朗尼；也可用胡桃或夏威夷果來取代核桃，並加入切成小塊狀的白巧克力或牛奶巧克力。

MOELLEUX AU CHOCOLAT
軟芯巧克力蛋糕

約8塊蛋糕

準備時間
30分鐘

加熱時間
15至20分鐘

保存時間
立即享用

器材
電動攪拌機
直徑7公分的慕斯圈8個
打蛋器
小濾網
無花嘴的擠花袋
溫度計

材料
可可含量58%的覆蓋黑巧克力(chocolat de couverture)300克
奶油50克
蛋黃200克
糖75克
法式酸奶油(crème fraîche)75克
麵粉20克
蛋白300克

最後修飾
糖粉

在隔水加熱的平底深鍋中，將巧克力和奶油加熱至40°C融化。

不鏽鋼盆中，用打蛋器將蛋黃和50克的糖攪打至泛白。

加入法式酸奶油，接著混入麵粉。

加入融化的巧克力，拌勻。

用電動攪拌機將蛋白打發成泡沫狀，並加入剩餘的25克糖攪打至質地更結實。

輕輕將打發蛋白霜混入巧克力麵糊中。

倒入預先刷上奶油，擺在鋪有烤盤紙烤盤上的慕斯圈中。

入烤箱以180°C（溫控器6）烤約15至20分鐘。

最後修飾
為軟芯蛋糕移去慕斯圈，篩上少許糖粉後立即享用。

TRUCS ET ASTUCES DE CHEFS
必學主廚技巧

- 這種麵糊非常經得起冷凍。
- 可在中央加入1塊巧克力後再烘烤。

CAKE MARBRÉ
大理石蛋糕

8人份

準備時間
1小時

加熱時間
45分鐘至1小時

保存時間
以保鮮膜妥善包裝保存於乾燥處可達1周，或冷凍可達數個月

器材
14×7.3公分且高7公分的長方形蛋糕模
拋棄式擠花袋（Poches jetables）
電動攪拌機
網篩

材料
膏狀奶油80克
糖粉90克
轉化糖8克
蛋100克
香草精（vanille liquide）1克
鹽1撮
麵粉100克
泡打粉（levure chimique）1克
可可粉8克

在裝有攪拌槳電動攪拌機的攪拌缸中放入膏狀奶油、糖粉和轉化糖攪拌，加入常溫蛋、香草和鹽攪拌至乳化，將麵粉和泡打粉過篩，接著加入混料中。

停止機器，將麵糊分裝至2個碗中。接著用刮刀將預先過篩的可可粉混入其中1個碗，形成巧克力麵糊。

在鋪有烤盤紙的模型中，交替填入香草麵糊層和巧克力麵糊層，直到3/4滿。

用竹籤或刀尖在麵糊中來回劃出鋸齒條紋，以創造大理石花紋。

入烤箱以200°C（溫控器6/7）烤15分鐘，接著將溫度調低至160°C（溫控器5/6），烤20至25分鐘。

TRUCS ET ASTUCES DE CHEFS
必學主廚技巧

可用刀確認熟度。將刀插入蛋糕中，
若抽出時不沾黏麵糊，表示已烤好。

FINANCIERS AU CHOCOLAT
巧克力費南雪

8至10人份

準備時間
20分鐘

靜置時間
1個晚上

加熱時間
15至20分鐘

凝固時間
20分鐘

保存時間
以密封罐保存可達5日

器材
電動攪拌機
漏斗型濾器
巧克力造型專用紙
打蛋器
10×2.5公分且高1.5公分的費南雪模
小濾網
擠花袋
曲型抹刀
溫度計

材料

費南雪 Financiers
糖粉50克
杏仁粉50克
糖100克
麵粉37克
可可粉13克
蛋白150克
奶油125克

裝飾
可可含量56%的黑巧克力300克
可可粒適量
可可粉適量

費南雪

將所有的粉狀乾料放在一起，加入蛋白，用打蛋器攪拌至形成泡沫狀質地。在平底深鍋中將奶油加熱至形成榛果色，用漏斗型濾器過濾。在榛果奶油達35至40°C時，混入泡沫狀蛋白霜。在常溫下靜置一整晚。如果費南雪模非矽膠材質，請為模型刷上奶油。攪拌麵糊，填入擠花袋，擠入模型，接著放入200°C（溫控器6/7）的熱烤箱烤約15分鐘。

組裝

為巧克力調溫（見28至32頁的技術），倒在巧克力造型專用紙上，用曲型抹刀將巧克力鋪至薄薄一層約2至3公釐的厚度。靜置凝固幾分鐘後切成10×2公分的長方片，靜置凝固。取下長方片從長邊浸入調溫過的巧克力至約一半的高度，接著沾裹上可可粒，用少許調溫過的巧克力固定在費南雪上。用抹刀蓋住長方片巧克力的一半，露出沾裹上可可粒的一半，再篩上可可粉。

SABLÉS AU CHOCOLAT
巧克力酥餅

約16塊酥餅

準備時間
45分鐘

冷藏時間
20分鐘

加熱時間
15分鐘

保存時間
以密封罐保存可達2周

器材
直徑5公分的圓形壓模
擀麵棍
網篩
矽膠烤墊

材料
膏狀奶油150克
糖80克
蛋黃40克
榛果粉80克
可可粉（無糖）20克
T55麵粉120克
鹽之花1撮

用橡皮刮刀混合碗中的奶油、糖和蛋黃。奶油必須是軟的，可考慮提前從冰箱取出回溫。

接著加入榛果粉和可可粉，接著再度攪拌。

最後加入過篩的麵粉和1撮鹽，最後一次攪拌至形成均勻麵團。

將麵團夾在2張烤盤紙之間，用擀麵棍擀至形成22×20公分且厚1公分的長方形。

冷藏保存20幾分鐘，讓麵團稍微硬化。

用壓模裁出16個圓，如有需要，可將剩餘的麵團重新集合擀平，以取得不足的數量。

擺在鋪有矽膠烤墊的烤盤上，入烤箱以170℃（溫控器5/6）烤15分鐘。

COOKIES
餅乾

25塊餅乾

準備時間
30分鐘

冷藏時間
30分鐘

加熱時間
12至15分鐘

保存時間
以密封罐保存可達2周

器材
網篩

材料
膏狀奶油160克
粗紅糖160克
蛋50克
香草莢1根
麵粉250克
泡打粉3克
黑巧克力碎片40克
白巧克力碎片120克
杏仁片25克

用橡皮刮刀混合膏狀奶油和糖，接著加入常溫蛋和從剖半香草莢中刮下的香草籽。

加入和泡打粉一起過篩的麵粉，拌勻後加入2種巧克力碎片和杏仁片。

製作成長15公分且直徑5公分的圓柱狀麵團。

包上保鮮膜，冷藏保存30幾分鐘。

取下保鮮膜，切成厚1公分的圓片。

保持足夠間距，將餅乾擺在鋪有烤盤紙的烤盤上，入烤箱以180°C（溫控器6）烤約12至15分鐘。

CAKE AU CHOCOLAT
巧克力蛋糕

6至8人份

準備時間
15分鐘

加熱時間
45分鐘

保存時間
以保鮮膜妥善包裝，在乾燥處保存可達3日

器材
圓錐形紙袋
14×7.3公分且高7公分的長方形蛋糕模
電動攪拌機
網篩

材料
50%生杏仁膏（pâte d'amandes crue）70克
砂糖85克
全蛋100克
T55麵粉90克
苦甜可可粉（cacao amer）15克
泡打粉3克
全脂牛乳75克
微溫的融化奶油85克
膏狀奶油2克

餡料
整顆開心果25克
整顆榛果50克
柳橙皮25克

用刮刀將杏仁膏拌軟。用裝有打蛋器的電動攪拌機混合杏仁膏和糖，接著逐次慢慢混入蛋，攪打蛋糊10分鐘，至蛋糊膨脹。

將麵粉、可可粉和泡打粉過篩，加入牛乳，接著是一半過篩的粉類，用橡皮刮刀拌勻。

將榛果擺在烤盤上，接著放入烤箱以150°C（溫控器5）烘烤成金黃色，冷卻後打碎。

將開心果約略切碎。將柳橙皮切成小丁。混合切碎的堅果、果乾，以及剩餘過篩的粉狀材料，加入麵糊中。

混入微溫的融化奶油，填入預先刷上奶油並撒上麵粉的模型至3/4滿。放入200°C（溫控器6/7）預熱的烤箱，接著將溫度調低至160°C（溫控器5/6）。

烤10分鐘後，沿著長邊在表面中央劃一條切口，並用圓錐形紙袋（見126頁技術）在切口處擠出1條膏狀奶油，繼續烤30至35分鐘。

放涼後脫模，擺在網架上。

TRUCS ET ASTUCES DE CHEFS
必學主廚技巧

用保鮮膜包起，以保持濕潤柔軟。

BRIOCHE GIANDUJA
占度亞榛果巧克力布里歐

10顆小布里歐

準備時間
4小時

冷藏時間
2小時

靜置時間
1小時

發酵時間
3小時

加熱時間
10分鐘

保存時間
以保鮮膜妥善包裝保存於乾燥處可達1周，或冷凍可達數個月

器材
刮板
糕點刷
擠花袋
電動攪拌機
網篩
溫度計

材料

巧克力布里歐
Brioche chocolat
T65麵粉480克
可可粉20克
鹽12.5克
糖75克
麵包酵母20克
蛋300克
牛乳25克
奶油200克
可可含量56%的黑巧克力100克
巧克力豆200克

蛋液
蛋50克
蛋黃50克
全脂牛乳50克

巧克力酥皮
奶油70克
麵粉50克
粗紅糖100克
杏仁粉40克
可可粉20克
可可粒75克

餡料
占度亞榛果巧克力200克

巧克力布里歐
製作布里歐麵團（見81頁的技術）。揉成每顆65克的球形，擺在鋪有烤盤紙的烤盤上。

巧克力酥皮
用手混合所有材料，直到形成沙狀質地。將酥皮適量鋪在布里歐上，入烤箱以220°C（溫控器7/8）烤約10分鐘。

餡料
將占度亞榛果巧克力加熱至28°C，讓榛果巧克力稍微融化。填入擠花袋，從冷卻的小布里歐底部擠入餡料。

TARTE AU CHOCOLAT
巧克力塔

6人份

準備時間
1小時

冷藏時間
30分鐘

加熱時間
30分鐘

保存時間
冷藏可達48小時

器材
直徑22公分的圓形塔圈
手持式電動攪拌棒
電動攪拌機
擀麵棍
網篩
溫度計

材料

甜酥塔皮
Pâte sucrée
麵粉125克
糖粉50克
奶油50克
蛋30克
鹽2克
香草精適量

奶蛋液 Appareil à crème prise
脂肪含量35%的液態鮮奶油70克
半脫脂牛乳70克
糖25克
可可含量70%的覆蓋黑巧克力(chocolat de couverture)135克
蛋50克
蛋黃20克
香草精適量

修飾鏡面 Glaçage de finition
牛乳25克
水10克
糖10克
可可含量58%的覆蓋黑巧克力25克
棕色鏡面淋醬25克

裝飾
金箔

甜酥塔皮
在裝有攪拌槳電動攪拌機的攪拌缸中，倒入預先過篩的麵粉和糖粉，加入奶油，攪拌至形成沙狀。在碗中混合蛋、香草和鹽，接著加入攪拌成團，冷藏保存30分鐘。在麵團靜置後，擀開鋪入塔圈，接著入烤箱以170°C（溫控器5/6）盲烤(cuire à blanc)20分鐘。

奶蛋液
在平底深鍋中將鮮奶油、牛乳和糖加熱至60°C，加入預先加熱至融化的覆蓋巧克力。倒入蛋、蛋黃和香草精，用手持電動攪拌棒將奶蛋液攪打至平滑。

修飾鏡面
在平底深鍋中將牛乳、水和糖煮沸，倒入預先切成小塊的覆蓋巧克力和鏡面淋醬中，用手持電動攪拌棒攪打。

組裝
將奶蛋液填入塔皮底部，入烤箱以170°C（溫控器5/6）烘烤。在奶蛋液邊緣開始稍微膨脹時停止烘烤，取出待溫度降至35°C時再將鏡面倒在放涼的塔面。

裝飾
放上1片金箔作為最後修飾。

SOUFFLÉ AU CHOCOLAT
巧克力舒芙蕾

8人份

準備時間
45分鐘

加熱時間
20至25分鐘

保存時間
立即享用

器材
打蛋器
小濾網
直徑9公分且高4.5公分的烤盅8個
電動攪拌機
網篩
溫度計

材料

卡士達奶油醬
Crème pâtissière
牛乳400克
蛋80克
糖80克
卡士達粉（poudre à crème）40克
可可膏60克

舒芙蕾 Soufflé
蛋白300克
糖100克
可可粉適量

卡士達奶油醬

在平底深鍋中將牛乳煮沸。在不鏽鋼盆中，用打蛋器將蛋和糖攪打至泛白，接著再加入卡士達粉。牛乳煮沸時，將一半倒入先前的蛋糊中，一邊攪打，讓備料稀釋並升溫，再全部倒回平底深鍋，一邊用力攪拌，一邊加熱煮沸。在奶油醬煮好時，加入可可膏拌勻。預留備用。

舒芙蕾

為烤盅內部塗抹膏狀奶油，接著撒上砂糖（材料表外）。用電動攪拌機或打蛋器，將蛋白打發成泡沫狀。逐量加入糖，並攪拌至形成蛋白霜。用橡皮刮刀將蛋白霜逐量混入卡士達奶油醬中，輕輕拌勻。

組裝

填入烤盅，將表面抹平。用拇指劃過烤盅邊緣，以去除多餘的蛋糊。入烤箱以180至200°C（溫控器6/7）烘烤，期間避免將烤箱門打開，烘烤20至25分鐘並讓箱內維持蒸氣，舒芙蕾可以充分膨脹。篩上可可粉，接著快速上桌。

TRUCS ET ASTUCES DE CHEFS
必學主廚技巧

注意，務必使用可可脂含量 100%，
即無添加糖的可可膏。

MADELEINES AU CHOCOLAT
巧克力瑪德蓮蛋糕

35個

準備時間
15分鐘

加熱時間
8分鐘

靜置時間
12小時

冷藏時間
20至30分鐘

保存時間
以保鮮膜妥善包裝，在乾燥處保存可達1周

器材
刮板
打蛋器
金屬瑪德蓮蛋糕模
擠花袋
Microplane®刨刀
網篩

材料
蛋300克
糖230克
蜂蜜70克
麵粉260克
泡打粉10克
可可粉30克
未經加工處理的有機柳橙1顆
未經加工處理的有機檸檬1顆
鹽3克
融化奶油250克
可可含量64%的黑巧克力50克

在碗中放入蛋、糖和蜂蜜，攪打至形成如緞帶般濃稠的質地。

將麵粉、泡打粉和可可粉一起過篩。

將過篩的粉類加入蛋糊中，接著加入柑橘果皮和鹽。

將奶油加熱至融化。奶油應融化，但請在放涼後使用。

將巧克力加熱至融化，混合融化奶油，全部倒入麵糊中拌勻。

靜置至少12小時後再使用。

為瑪德蓮蛋糕模刷上少許融化但不熱的奶油，撒上麵粉後倒扣去掉多餘的麵粉。將模型冷藏保存10至15分鐘。

用擠花袋在瑪德蓮蛋糕模的凹槽中擠入麵糊至3/4滿，再度冷藏10至15分鐘。

入烤箱以240°C（溫控器8）烤約4分鐘，接著降至180°C（溫控器6）烤4分鐘。

TRUCS ET ASTUCES DE CHEFS
必學主廚技巧

可用牛奶巧克力製作同樣的配方。

ROCHERS CHOCOLAT AUX FRUITS SECS
堅果岩石巧克力

40顆

準備時間
30分鐘

凝固時間
至少1小時

保存時間
以密封罐保存可達2周

器材
煮糖溫度計

材料

焦糖杏仁條
Bâtonnets d'amandes caramélisés
糖150克
香草莢1根
水40克
杏仁條500克
奶油20克

岩石巧克力混料
Mélange pour rochers
焦糖杏仁條（見上方）600克
糖漬柳橙50克
糖漬蔓越莓50克
杏桃乾50克
可可含量64%的黑巧克力350克
可可脂30克

焦糖杏仁條

在平底深鍋中，將水、糖和預先剖半刮出籽的香草莢煮至117°C，接著加入杏仁條。用刮刀攪拌至糖形成沙狀質地並充分包覆杏仁。繼續煮至焦糖化，一邊不斷攪拌，以免杏仁燒焦。在糖變為金色焦糖時，混入奶油，持續攪拌。將焦糖杏仁移至鋪有烤盤紙的烤盤上，鋪開放涼。

岩石巧克力混料

將烤箱預熱至50°C（溫控器1/2）。在鋪有烤盤紙的烤盤鋪上焦糖杏仁、糖漬柳橙和蔓越莓，以及杏桃乾。將烤箱熄火後再將烤盤放入烤箱，靜置保溫。為黑巧克力調溫（見28至32頁的技術），並在31°C時混入預先融化的可可脂。加入果乾和杏仁條。務必要維持在31°C的溫度，以免巧克力無法適當結晶。整個拌勻。用湯匙在鋪有烤盤紙的烤盤上，保持間隔地舀上小堆的堅果杏仁巧克力，靜置凝固至少1小時。

TRUCS ET ASTUCES DE CHEFS
必學主廚技巧

- 可用如芒果乾或葡萄乾等其他的果乾來替換，製作出不同版本。
- 可用玉米片來取代杏仁條，就不需要焦糖化。
- 亦可用牛奶巧克力或白巧克力來取代黑巧克力。

MIKADO
天皇巧克力

15克的巧克力
50個

準備時間
1小時

靜置時間
1個晚上

發酵時間
20分鐘

加熱時間
16分鐘

凝固時間
10至15分鐘

保存時間
以密封罐保存可達6至8日

器材
小濾網
電動攪拌機
擀麵棍
矽膠烤墊

材料
麵粉500克
榛果油60克
鹽2克
麵包酵母15克
水250克
糖粉60克

糖衣
杏仁碎300克
可可含量64%的黑巧克力（或白巧克力、牛奶巧克力）750克

前1天
在電動攪拌機的攪拌缸中以槳狀攪拌器攪拌麵粉、油、鹽、麵包酵母和水。蓋上保鮮膜，冷藏保存一整個晚上。

隔天
將麵團擀至5公釐的厚度，接著裁成1×22公分的條狀，擺在鋪有烤盤紙的烤盤上，放入發酵箱（或放有沸水的熄火烤箱）中，以24-26°C發酵約20分鐘。用小濾網篩上糖粉，入烤箱以160°C（溫控器5/6）烤16分鐘，放涼。在不沾烤盤上鋪杏仁碎，入烤箱以150°C（溫控器5）烘焙15分鐘。為黑巧克力調溫（見28至32頁的技術）。餅乾棒浸入巧克力至3/4，撒上烤杏仁碎，接著擺在烤盤紙或潔淨的矽膠烤墊上待凝固。

PETITS POTS DE CRÈME AU CHOCOLAT
巧克力布丁

125克的布丁
6至7罐

準備時間
30分鐘

加熱時間
40分鐘

冷藏時間
2小時

保存時間
冷藏可達3日

器材
125克的玻璃杯6個
溫度計

材料
全脂牛乳500克
可可含量70%的
黑巧克力160克
蛋黃120克
糖100克

在平底深鍋中將牛乳加熱至50°C。

將巧克力切碎塊，放在碗中，接著倒入熱牛乳。

用打蛋器將蛋黃和糖攪打至泛白，接著倒入融化的巧克力中混合均勻。

填入小玻璃罐中。

將玻璃罐放入深烤盤內，外加熱水，入烤箱以150°C（溫控器5）隔水蒸烤約40分鐘。

冷藏放涼約2小時後再品嚐。

ÉCLAIRS AU CHOCOLAT
巧克力閃電泡芙

15條閃電泡芙

準備時間
1小時30分鐘

加熱時間
30至40分鐘

保存時間
製作後1日

器材
打蛋器
網架
糕點刷
擠花袋＋直徑18公釐的星形花嘴或直徑15公釐的圓口花嘴
網篩
溫度計

材料

泡芙麵糊
Pâte à choux
水125毫升
牛乳125毫升
鹽3克
糖10克
奶油100克
麵粉150克
蛋250克
澄清奶油50克

巧克力奶油醬
Crème chocolat
牛乳1/2公升
脂肪含量35%的鮮奶油1/2公升
蛋黃4顆
蛋2顆
糖180克
麵粉50克
卡士達粉50克
純可可膏（cacao pure pâte）70克
奶油50克

巧克力鏡面
糖100克
水70克
葡萄糖20克
無調色翻糖（fondant neutre）500克
可可膏150克

泡芙麵糊
在平底深鍋中將水、牛乳、鹽、糖和切成小塊的奶油煮沸，確保奶油已充分融化。離火後，一次加入過篩的麵粉，並用刮刀用力攪拌至形成麵糊，如有需要可重新以小火加熱平底深鍋，將麵糊的水分蒸發，麵糊不應沾黏鍋壁。將麵糊移至不鏽鋼盆中，用刮刀將蛋液逐量拌入麵糊中，攪拌至形成平滑的麵糊。用刮刀抵著鍋底劃出一道條紋，以確認質地。麵糊應緩慢密合；如有需要，可再加蛋液調節。將麵糊填入裝有圓口或星形花嘴的擠花袋中，在預先刷上奶油的烤盤上擠出長14公分的麵糊。用糕點刷為麵糊刷上融化的澄清奶油。入烤箱以180°C（溫控器6）烤約30至45分鐘。烤好後取出，保存在網架上。

巧克力奶油醬
製作卡士達奶油醬，在平底深鍋中將牛乳和鮮奶油煮沸。在不鏽鋼盆中，用打蛋器將蛋黃、全蛋和糖攪拌至泛白，接著加入過篩的麵粉和卡士達粉。將1/3的熱牛乳倒入先前的麵糊中，稀釋並加溫。再全部倒回平底深鍋加熱，一邊用力攪拌。煮沸1分鐘，不停攪拌。離火後，混入可可膏和奶油，用刮刀攪拌至形成均勻質地。將奶油醬鋪在貼有保鮮膜的烤盤上，在奶油醬表面緊貼保鮮膜，冷藏保存在4°C。

巧克力鏡面
在平底深鍋中，將水、糖和葡萄糖煮至形成糖漿，接著放涼。在平底深鍋中將翻糖加熱至35°C，混合預先加熱至融化的可可膏，接著加入糖漿。

組裝
用尖頭花嘴在閃電泡芙的背面戳出3個洞。將冷卻的巧克力奶油醬填入擠花袋，從小洞擠入閃電泡芙中，你將感覺到閃電泡芙被填滿並變重。接著將閃電泡芙表面沾上35°C的巧克力鏡面。

PROFITEROLES
泡芙

約8人份

準備時間
2小時

加熱時間
30至40分鐘

冷藏時間
3小時20分鐘

熟成時間
至少3小時

保存時間
立即享用，或以密封罐冷凍保存可達1周

器材
漏斗型濾器
手持式電動攪拌棒
擠花袋＋星形花嘴
電動攪拌機
擀麵棍
網篩
溫度計
冰淇淋機

材料

巧克力泡芙麵糊
Pâte à choux chocolat
牛乳70克
水60克
鹽1克
奶油50克
麵粉60克
可可粉15克
蛋150克

可可脆皮
Craquelin cacao
奶油50克
粗紅糖50克
可可粉15克
麵粉35克

白巧克力冰淇淋
Glace au chocolat blanc
水540克
脂肪含量0%的奶粉70克
轉化糖80克
糖20克
穩定劑5克
白巧克力280克

巧克力醬
Sauce chocolat
脂肪含量35%的鮮奶油125克
水75克
糖95克
可可粉40克
葡萄糖12克
可可含量70%的黑巧克力95克

巧克力泡芙麵糊

在平底深鍋中將牛乳、水、鹽和切成小丁的奶油煮沸。離火，加入預先一起過篩的麵粉和可可粉，並用刮刀用力攪拌至形成麵糊，如有需要可重新以小火加熱平底深鍋，將麵糊的水分蒸發，麵糊不應沾黏鍋壁。將麵糊移至不鏽鋼盆中，用刮刀將蛋液逐量拌入麵糊中。攪拌至形成平滑的麵糊。用刮刀抵著鍋底劃出一道條紋，以確認質地。麵糊應緩慢密合；如有需要，可再加蛋液調節。將麵糊填入擠花袋，接著在預先刷上奶油的烤盤上擠出直徑3至4公分的小泡芙。

可可脆皮

在裝有攪拌槳電動攪拌機的攪拌缸中，將所有材料攪拌成團。用擀麵棍將夾在2張烤盤紙中的麵團盡可能擀薄，冷藏保存20幾分鐘，接著用壓模切成同泡芙大小的圓餅，擺在泡芙麵糊上，入烤箱以170°C（溫控器5/6）烤約30至40分鐘。

白巧克力冰淇淋

在平底深鍋中將水加熱至50°C，加入奶粉和轉化糖拌勻。加入糖和穩定劑，攪拌並煮至85°C，持續2分鐘，接著倒入預先切碎塊的白巧克力中拌勻。以漏斗形網篩過濾，冷藏熟成至少3小時。用手持電動攪拌棒攪拌後放入冰淇淋機中，請依製造商說明進行操作。

巧克力醬

在平底深鍋中將鮮奶油、水、糖、可可粉和葡萄糖煮沸，倒入切成碎塊的黑巧克力中，攪拌至形成平滑質地，預留備用。

組裝

將冷卻的泡芙橫切成上下層（2/3、1/3），在下層擺上1球冰淇淋作為裝飾，蓋上泡芙上層頂蓋，冷凍保存後再品嚐。為每個人準備約40克的巧克力醬。

TRUCS ET ASTUCES DE CHEFS
必學主廚技巧

最好提前裝飾泡芙，
以冤品嚐時太快融化。

MERINGUE AU CHOCOLAT
巧克力蛋白餅

約6至8個

準備時間
1小時

加熱時間
2至3小時

保存時間
以密封罐保存可達2周

器材
刮板
電動攪拌機
網篩
矽膠烤墊

材料
蛋白200克
糖200克
糖粉170克
可可粉40克

最後修飾
糖粉20克
可可粉10克

在裝有打蛋器電動攪拌機的攪拌缸中，將蛋白打發，接著加入糖攪拌至結構緊實的蛋白霜。

在蛋白霜充分打發時，加入170克過篩的糖粉和40克過篩的可可粉，用橡皮刮刀輕輕混合。

用刮板將少量蛋白霜擺在鋪有矽膠烤墊的烤盤上，混合最後修飾的糖粉和可可粉，接著篩在蛋白霜表面。

入烤箱以90°C（溫控器3）烤至少2小時。

最後修飾
將剩餘的糖粉和可可粉，篩在烤好的蛋白餅上再品嚐。

FLORENTINS
焦糖杏仁酥

25塊

準備時間
1小時

加熱時間
20至30分鐘

凝固時間
至少1小時

保存時間
製作後以密封罐
保存可達1日

器材
刮板
巧克力造型專用紙
直徑6公分的
Flexipan小圓模烤盤
擠花袋

材料
奶油200克
糖210克
百花蜜170克
脂肪含量35%的
液態鮮奶油120克
杏仁片315克
可可粒（grué de
cacao）80克
糖漬檸檬丁100克
可可含量58%的
黑巧克力200克

在平底深鍋中將奶油、糖、蜂蜜和鮮奶油煮沸，直到形成濃稠均勻的混合物。

加入杏仁片，勿過度攪拌以免破碎，加入可可粒，接著是糖漬檸檬。

在每個模型裡薄薄鋪平一層。

將圓模烤盤放入烤箱以180°C（溫控器6）烤至焦糖化。

接著放涼後再脫模。

將黑巧克力加熱至融化並進行調溫（見28至32頁的技術）。放涼後，將巧克力填入擠花袋，接著擠在巧克力造型專用紙上，保持一定間距，在每個擠出的巧克力上擺放巧克力杏仁圓餅，圓餅平滑面朝下，按壓至巧克力恰好溢出邊緣。

靜置凝固至少1小時。

TRUCS ET ASTUCES DE CHEFS
必學主廚技巧

可用 200 克的牛奶巧克力或白巧克力來取代黑巧克力。

MACARONS CHOCOLAT AU LAIT
牛奶巧克力馬卡龍

12顆馬卡龍

準備時間
1小時45分鐘

冷藏時間
3小時

加熱時間
15分鐘

保存時間
3至4日

器材
打蛋器
手持式電動攪拌棒
擠花袋＋直徑8或10公釐的圓口花嘴
食物處理機
電動攪拌機
矽膠烤墊
溫度計

材料

馬卡龍餅殼
Coques de macarons
餅殼 Coques
杏仁粉85克
可可粉15克
糖粉100克
蛋白40克
酥脆薄片(feuilletine) 適量
義式蛋白霜
Meringue italienne
水30克
砂糖100克
蛋白40克

牛奶巧克力甘那許
Ganache au chocolat au lait
脂肪含量35%的液態鮮奶油90克
葡萄糖15克
脂肪含量35%的牛奶巧克力140克

馬卡龍餅殼
在碗中混合乾粉材料（杏仁粉、可可粉和糖粉）。用食物調理機將粉類材料打碎，不要打至升溫融出油脂，形成接近麵粉的粉末。預留40克的蛋白備用。

義式蛋白霜
在平底深鍋中將水和糖煮至116-121°C。在糖達110°C時，開始在裝有打蛋器電動攪拌機的攪拌缸中，以高速將蛋白打發。糖一煮好，以細線狀倒入高速打發蛋白中。2分鐘後，將速度調慢，繼續攪打至冷卻。在溫度降至50°C時，用橡皮刮刀混入杏仁粉、可可與糖粉，接著是40克的生蛋白。用橡皮刮刀攪拌，並將馬卡龍麵糊稍微舀起壓拌，讓麵糊攤開。用裝有花嘴的擠花袋，在鋪有矽膠烤墊的（常溫）烤盤上擠出馬卡龍餅殼，撒上酥脆薄片碎片。將烤盤從工作檯上稍微拿起輕摔在檯面，讓麵糊表面變得平滑。入烤箱以145至150°C（溫控器5）烤15分鐘。

牛奶巧克力甘那許
在平底深鍋中將鮮奶油和葡萄糖加熱至35°C。在這段時間，將牛奶巧克力隔水加熱至35°C融化。將熱的鮮奶油倒入融化的牛奶巧克力中，用橡皮刮刀輕輕攪拌至形成平滑濃稠的甘那許。在鋪有保鮮膜的烤盤上，倒入甘那許，並在表面緊貼上保鮮膜，冷藏保存至少1小時。

組裝
將甘那許填入裝有直徑8或10公釐圓口花嘴的擠花袋中，擠在2片餅殼的其中1片上，夾起形成馬卡龍，撒上酥脆薄片，冷藏至少2小時後再品嚐。

MACARONS CHOCOLAT NOIR
黑巧克力馬卡龍

12顆馬卡龍

準備時間
2小時10分鐘

凝固時間
5分鐘

冷藏時間
3小時

保存時間
3至4日

器材
巧克力片模板
（直徑4公分）
抹刀
擠花袋+直徑8或10公釐的圓口花嘴
矽膠烤墊
溫度計

材料
馬卡龍餅殼24個
（見218頁的配方）

黑巧克力甘那許
Ganache chocolat noir
脂肪含量35%的液態鮮奶油115克
蜂蜜12克
可可含量65%的覆蓋巧克力115克

巧克力片
Palets en chocolat
可可含量65%的黑巧克力250克

馬卡龍餅殼
製作馬卡龍餅殼（見218頁的配方）。

黑巧克力甘那許
在平底深鍋中將鮮奶油和蜂蜜加熱至35°C。在這段時間，將黑巧克力隔水加熱至35°C融化。將熱鮮奶油倒入融化的黑巧克力中，用橡皮刮刀輕輕攪拌至形成平滑濃稠的甘那許。在鋪有保鮮膜的烤盤中倒入甘那許，並在表面緊貼上保鮮膜，冷藏保存30至40分鐘。

巧克力片
為黑巧克力調溫（見28至32頁的技術）。在30°C時倒入擺在烤盤墊上的模板凹槽中。用抹刀去除多餘的巧克力，靜置凝固5分鐘。

組裝
將甘那許填入裝有直徑8或10公釐圓口花嘴的擠花袋中，擠在2片餅殼的其中1片上，夾起形成馬卡龍，將巧克力片擺在餅殼上，並用少許融化的巧克力黏住，接著冷藏至少2小時後再品嚐。

FLAN AU CHOCOLAT
巧克力蛋塔

8人份

準備時間
45分鐘

冷藏時間
1小時

加熱時間
45分鐘

冷藏時間
1小時

冷凍時間
30分鐘

保存時間
冷藏可達24小時

器材
直徑20公分且高4.5公分的塔圈
打蛋器
電動攪拌機
擀麵棍
網篩

材料

可可油酥塔皮
Pâte brisée cacao
蛋黃20克
牛乳35克
T55麵粉135克
奶油110克
糖20克
鹽
可可粉15克

奶蛋液
Appareil à flan
半脫脂牛乳500克
脂肪含量35%的液態鮮奶油150克
蛋黃120克
糖130克
T55麵粉20克
玉米澱粉25克
可可含量70%的黑巧克力150克

可可油酥塔皮
混合蛋黃和牛乳。在裝有攪拌槳電動攪拌機的攪拌缸中，倒入麵粉、常溫塊狀奶油、糖、鹽和可可粉。攪拌至形成沙狀，接著倒入牛乳和蛋的混合液，持續攪拌至形成均勻麵團。將麵團揉成球狀，用保鮮膜包起，接著用掌心將麵團壓扁成圓餅，如此一來，冷藏時會比1大顆球狀麵團更容易冷卻。冷藏保存至少1小時。為塔圈刷上少許奶油，工作檯和油酥塔皮撒上少許麵粉（材料表外），接著擀至2至3公釐的厚度。將塔圈擺在鋪有烤盤紙或矽膠烤墊上，並將塔皮鋪入塔圈。將入模完成的油酥塔底冷凍，趁這段時間製作奶蛋液。

奶蛋液
將旋風烤箱預熱至170°C（溫控器5/6）。在平底深鍋中加熱牛乳和鮮奶油，在碗中攪打蛋黃和糖至泛白，將麵粉和玉米澱粉一起過篩加入，拌勻。倒入部分煮沸的牛乳和鮮奶油，以便趁熱稀釋，並用打蛋器攪打。再全部倒回平底深鍋，以中火加熱，持續攪拌。奶蛋液會變得濃稠，接著開始稍微沸騰，在這時離火。離火後加入切成碎塊的黑巧克力拌勻。將巧克力奶蛋液快速倒入油酥塔底，用刮刀抹平，入烤箱以170°C（溫控器5/6）烤45分鐘。

出爐後，讓蛋塔放涼，派皮會緩慢塌下。脫模，冷藏保存後再品嚐。

RELIGIEUSE AU CHOCOLAT
巧克力修女泡芙

16個泡芙

準備時間
1小時

加熱時間
30至45分鐘

凝固時間
20分鐘

保存時間
48小時

器材
玻璃紙（Feuille de Rhodoïd）
打蛋器
擠花袋＋直徑10和15公釐的圓口花嘴
網篩
溫度計

材料

泡芙麵糊
Pâte à choux
水250克
鹽3克
糖5克
奶油100克
麵粉150克
蛋250克

巧克力卡士達奶油醬
全脂牛乳1公升
糖200克
香草莢1根
蛋黃160克
玉米澱粉45克
麵粉45克
奶油100克
可可含量50%的黑巧克力90克

最後修飾
巧克力翻糖（fondant au chocolat）300克
可可含量50%的黑巧克力50克

泡芙麵糊
在平底深鍋中將水、鹽、糖和切成小丁的奶油煮沸。一次加入過篩的麵粉，接著用刮刀用力攪拌至形成麵糊，如有需要可重新以小火加熱平底深鍋，將麵糊的水分蒸發，麵糊不應沾黏鍋壁。將麵糊移至不鏽鋼盆中，用刮刀將蛋液逐量拌入麵糊中，攪拌至形成平滑的麵糊。用刮刀抵著鍋底劃出一道條紋，以確認質地。麵糊應緩慢密合；如有需要，可再加蛋液調節。

修女泡芙的製作
用裝有花嘴的擠花袋，個別在刷有奶油的烤盤上擠出16個直徑5公分的泡芙（身體），和16個直徑2.5公分的泡芙（頭）。刷上澄清的融化奶油，入烤箱以180°C 烤30至45分鐘。烤好時，移至網架上放涼。

巧克力卡士達奶油醬
製作卡士達奶油醬（見52頁的技術），最後加入切碎的巧克力離火拌勻。

巧克力翻糖
在平底深鍋中以小火將翻糖加熱至37°C。

巧克力方片
為巧克力調溫（見28至32頁的技術）。鋪在玻璃紙上達約2至3公釐的厚度，靜置凝固20幾分鐘，再切成16個邊長3公分的方片狀。

組裝
用裝有花嘴的擠花袋為所有的泡芙擠入巧克力卡士達奶油醬，每顆上層1/3泡芙蘸上巧克力翻糖，用手指抹去多餘的翻糖，繼續組裝修女泡芙。將1片巧克力方塊擺在修女泡芙的身體上，接著擺上泡芙頭。

TRUCS ET ASTUCES DE CHEFS
必學主廚技巧

烘烤中途務必將烤箱門打開一下，讓蒸氣散出。

CANELÉS AU CHOCOLAT
巧克力可麗露

12個

準備時間
15分鐘

冷藏時間
1個晚上

加熱時間
1小時

保存時間
24小時

器材
植物蠟或蜂蠟
打蛋器
直徑5.5公分的銅製可麗露模
糕點刷
網篩
溫度計

材料
全脂牛乳420克
香草莢1根
可可含量70或80%的黑巧克力125克
糖150克
蜂蜜50克
蛋110克
蛋黃40克
T45麵粉20克
玉米澱粉20克
蘭姆酒60克

在平底深鍋中，將牛乳和剖半刮出籽的香草莢加熱至50°C。

將巧克力切塊，在熱牛乳中攪拌至融化。

在碗中用打蛋器混合糖、蜂蜜、全蛋和蛋黃。

混入一起過篩的麵粉和澱粉，接著攪拌至形成均勻質地。

倒入冷的巧克力牛乳，一邊以打蛋器攪拌。加入蘭姆酒，冷藏靜置一個晚上。

隔天，用糕點刷在模型內壁刷上少許植物蠟。

用打蛋器將麵糊拌勻後，填入模型至距離邊緣半公分處。入烤箱以230至240°C（溫控器7/8）烤約20分鐘，接著降溫以190°C（溫控器6/7）烤40分鐘。

出爐後脫模。

MERVEILLEUX
絕妙蛋糕

12個小蛋糕

準備時間
1小時

加熱時間
2至3小時

保存時間
48小時

器材
削皮刀
打蛋器
擠花袋+直徑10公釐的圓口花嘴
電動攪拌機
網篩
矽膠烤墊
溫度計

材料

巧克力蛋白餅
Meringue chocolat
蛋白100克
糖100克
糖粉85克
可可粉25克

巧克力慕斯
Mousse au chocolat
可可含量70%的黑巧克力300克
奶油112克
蛋黃135克
蛋白240克
糖30克

裝飾
可可含量58%的黑巧克力200克
可可粉適量

巧克力蛋白餅
在裝有打蛋器電動攪拌機的攪拌缸中，將蛋白打發，接著加入糖打發至蛋白霜結構緊實。在蛋白霜充分打發時，加入過篩的糖粉和可可粉，用橡皮刮刀輕輕混合。填入裝有圓口花嘴的擠花袋中，在鋪有矽膠烤墊的烤盤上擠出24個直徑6公分的圓形麵糊。入烤箱以90°C（溫控器3）烤至少2小時。

巧克力慕斯
在平底深鍋中將巧克力和奶油隔水加熱至40°C融化。在碗中將蛋黃攪打至形成緞帶狀。在裝有打蛋器電動攪拌機的攪拌缸中，將蛋白和糖打發至緊實的蛋白霜。用橡皮刮刀輕輕混合蛋黃和蛋白霜，接著將1/3的蛋糊加入融化的巧克力和奶油中，拌勻。在整體均勻時，輕輕混入剩餘的蛋糊，直到形成慕斯，將慕斯填入擠花袋。

組裝
在12個蛋白餅上繞圈擠出巧克力慕斯，擺上另一個蛋白餅。在小蛋糕的周圍和表面蓋上剩餘的巧克力慕斯，冷藏凝固，利用這段時間製作巧克力刨花（見114頁的技術）。和諧地在外側和表面擺上刨花，接著篩上可可粉。

GUIMAUVE AU CHOCOLAT
巧克力棉花糖

6人份

準備時間
30分鐘

凝固時間
1個晚上

保存時間
以密封罐保存可達2周

器材
邊長16公分且高3公分的正方框模
調溫巧克力叉
電動攪拌機
溫度計

材料

棉花糖Guimauve
可可含量70%的黑巧克力130克
水70+35克
吉利丁粉16克
蜂蜜70+90克
糖200克

糖衣 Enrobage
可可含量70%的黑巧克力100克
可可粉20克

棉花糖
在隔水加熱的平底深鍋中，將巧克力加熱至45℃，讓巧克力融化。在電動攪拌機的攪拌缸中，用70克的冷水將吉利丁粉泡開，接著加入90克的蜂蜜。在平底深鍋中將35克的水、糖和剩餘70克的蜂蜜煮沸。倒入裝有打蛋器的電動攪拌機的攪拌缸，蜂蜜和泡開的吉利丁中拌匀，將備料攪打至形成白色的緞帶狀。這時混入35-40℃的融化巧克力。內側刷上少許油（材料表外）的不鏽鋼正方框模，放在舖有烤盤紙的烤盤上，將打好的棉花糖倒入至2公分厚。最好靜置凝固一整個晚上，接著再切成邊長3公分的方塊。

糖衣
在隔水加熱的平底深鍋中，將切塊的黑巧克力加熱至融化。為巧克力調溫（見28至32頁的技術）。視個人喜好而定，用調溫巧克力叉將棉花糖方塊浸入調溫過的融化的巧克力中，至一半的高度，另一半再均勻裹上可可粉。

CRÊPES AU CHOCOLAT
巧克力可麗餅

30 片

準備時間
15分鐘

靜置時間
1個晚上

加熱時間
每片可麗餅約3分鐘

保存時間
立即享用

器材
打蛋器
大湯勺
可麗餅煎鍋
(Poêle à crêpes)
網篩

材料
T55麵粉240克
可可粉40克
蛋200克
砂糖100克
鹽4克
脂肪含量35%的
液態鮮奶油200克
香草莢2根
半脫脂牛乳1380克

最後修飾
糖粉

將過篩的麵粉和可可粉一起倒入碗中。

一次1顆地加入蛋，一邊以打蛋器攪拌。

接著加入糖、鹽、鮮奶油和從剖半的香草莢中刮下的香草籽，拌勻。

最後倒入牛乳，一邊用打蛋器攪拌，以免結塊。

最好冷藏靜置一整晚。

用大湯勺將麵糊倒入刷有少量油，且熱好的可麗餅平底煎鍋中，形成薄層麵糊。

將可麗餅翻面，讓兩面均勻熟透。

煎好時，將可麗餅折疊在餐盤裡，篩上糖粉。

CARAMELS AU CHOCOLAT
巧克力焦糖

15克的焦糖80顆

準備時間
20分鐘

靜置時間
2小時

加熱時間
10分鐘

保存時間
以密封罐保存可達2周

器材
邊長20公分且高1.5公分的正方框模
透明油紙（Papier cristal）
矽膠烤墊
溫度計

材料
脂肪含量35%的液態鮮奶油275克
葡萄糖110克
鹽之花6克
糖510克
奶油275克
可可含量66%的黑巧克力60克

在平底深鍋中將鮮奶油、葡萄糖和鹽之花煮沸。

在另一個平底深鍋，將糖乾煮至形成深色焦糖。

輕輕倒入熱鮮奶油以稀釋焦糖。

全部加熱至135°C，一邊以打蛋器攪拌。

離火後，逐量混入奶油，形成均勻質地並不斷攪拌。接著加入切成碎塊狀的巧克力，務必攪拌至整體均勻。

將正方框模擺在矽膠烤墊上（內側刷上少許油防沾），倒入還溫熱的巧克力焦糖，在常溫下放涼2小時。

切出想要的長方形，用透明油紙包起。

TRUCS ET ASTUCES DE CHEFS
必學主廚技巧

在重新加熱至 135°C時，務必要不停攪拌，否則鍋底的焦糖可能會燒焦。

NOUGAT AU CHOCOLAT
巧克力牛軋糖

12塊

準備時間
1小時

靜置時間
12至24小時

保存時間
以密封罐保存可達2個月

器材
12×18公分且高4公分的正方框模
鋸齒刀
電動攪拌機
擀麵棍
矽膠烤墊
煮糖溫度計

材料
蛋白75克
水190克
糖525克
葡萄糖135克
蜂蜜375克
可可含量70%的黑巧克力375克
杏仁60克
榛果60克
開心果60克
糖漬柳橙丁60克
正方框模大小的糯米紙2張

在裝有打蛋器電動攪拌機的攪拌缸中，將蛋白打發成泡沫狀蛋白霜。

在平底深鍋中，將水、糖和葡萄糖煮至145°C。

在另一個平底深鍋中煮蜂蜜（注意，煮沸時，蜂蜜的體積會增加）。在達120°C時，將煮好的蜂蜜倒入泡沫狀的打發蛋白霜中，拌勻。接著加入145°C的熟糖漿，持續以電動攪拌機攪拌約15分鐘。

將黑巧克力隔水加熱至融化。將45°C的巧克力混入牛軋糖糊中，改用裝有攪拌槳的電動攪拌機攪拌。

將烤箱預熱至50°C（溫控器1/2）。將堅果和糖漬柳橙鋪在有烤盤紙的烤盤上，將烤箱熄火後再將烤盤放入烤箱，靜置保溫。在35°C時加入上述牛軋糖糊中，接著快速攪拌，以免攪拌過度讓材料碎裂。

在矽膠烤墊上，將不鏽鋼正方框模分別擺在1張糯米紙上。立刻將牛軋糖糊倒入正方框模至滿，放上另1張糯米紙再鋪上烤盤紙，接著用擀麵棍將表面壓平。修整糯米紙，形成整齊的邊。在乾燥處放涼並乾燥。

靜置24小時後，用刀劃過牛軋糖和正方框模內壁，脫模。

用鋸齒刀切成12×1.5公分的條狀，立即用透明油紙或保鮮膜包好。

SPHÈRES
巧克力球 240

FINGER CHOCOBOISE
巧克覆盆子手指蛋糕 242

CAFÉ CITRON CHOCOLAT AU LAIT
牛奶巧克力檸檬咖啡蛋糕 244

PINEAPPLE AU CHOCOLAT BLANC
白巧克力鳳梨蛋糕 246

CARRÉMENT CHOCOLAT
方塊巧克力 248

CHOUX CHOC
巧克泡芙 250

LES PETITS GÂTEAUX

小巧的多層蛋糕

SPHÈRES
巧克力球

約10顆

準備時間
1小時30分鐘

加熱時間
10至15分鐘

冷藏時間
3小時

冷凍時間
2小時

凝固時間
30至45分鐘

保存時間
冷藏可達48小時

器材
直徑4公分的壓模
電動攪拌機
竹籤
漏斗型濾器
手持式電動攪拌棒
20顆的半球形模型
糕點刷
擠花袋
網篩
溫度計

材料

蛋糕體Biscuit
蛋黃90克
糖145克
蛋白125克
可可粉34克

鹹奶油焦糖
Caramel beurre salé
糖120克
脂肪含量35%的液態鮮奶油120克
奶油90克
鹽之花1克

巧克力打發甘那許
Ganache montée chocolat
脂肪含量35%的液態鮮奶油250＋450克
葡萄糖30克
轉化糖20克
可可含量66%的黑巧克力190克

糖衣Enrobage
可可脂300克
可可含量66%的黑巧克力300克

鏡面Glaçage
水150克
糖400克
可可粉150克
脂肪含量35%的液態鮮奶油280克
吉利丁片16克

最後修飾
爆米花100克
金粉10克

蛋糕體
將蛋黃和一半的糖攪拌至泛白，用電動攪拌機將蛋白打發成泡沫狀，並用剩餘的糖攪打至質地更結實的蛋白霜。將預先過篩的可可粉與泛白的蛋黃混合，接著輕輕混入打發蛋白霜。在鋪有40×30公分烤盤紙的烤盤上將麵糊鋪平，入烤箱以210℃（溫控器7）烤11分鐘。在蛋糕體冷卻時，用壓模裁成直徑4公分的圓形蛋糕體。

鹹奶油焦糖
在平底深鍋中，將糖乾煮至形成焦糖（最高175 至180℃）。逐量（以免噴濺）加入預先加熱的鮮奶油以稀釋焦糖，同時以刮刀攪拌。離火後，逐量混入奶油和鹽之花。再度加熱，繼續煮至109℃。放涼後，用打蛋器稍微打發至形成較容易填入擠花袋的質地。

巧克力打發甘那許
在平底深鍋中，將250克的鮮奶油、葡萄糖和轉化糖煮沸，倒入預先切成碎塊的巧克力中，用打蛋器攪拌，在甘那許中央形成有光澤的「基底noyau」，倒入剩餘450克的鮮奶油，拌勻後，冷藏至少3小時。

糖衣
將巧克力和可可脂一起加熱至35℃融化（見94頁的技術），預留備用。

鏡面
將吉利丁片浸泡在裝了冷水的碗中。在平底深鍋中將水和糖煮至106℃，形成糖漿，接著加入過篩的可可粉。將鮮奶油煮沸，輕輕加入可可糖漿中，在溫度達60℃時，混入預先擰乾的吉利丁拌勻。以漏斗型網篩過濾，形成平滑的鏡面。

組裝
用打蛋器將甘那許稍微打發。填入擠花袋，將半球形模型填入半滿。用擠花袋將鹹奶油焦糖擠在甘那許上，擺入1塊蛋糕體圓餅，加上新的一層甘那許，將模型填滿，擺上第2塊蛋糕體圓餅。冷凍保存至結實，約2小時。脫模，並在10個半球形模型中鋪上少許甘那許，將每2顆半球組裝在一起，形成圓球形。插在竹籤上，接著整個浸入糖衣中，取出靜置凝固5分鐘後再一次浸入鏡面中。為爆米花裹上金粉，均勻裝飾在巧克力球上。

FINGER CHOCOBOISE
巧克覆盆子手指蛋糕

約10塊

準備時間
1小時30分鐘

加熱時間
20分鐘

冷藏時間
3小時30分鐘

冷凍時間
1小時

保存時間
冷藏可達48小時

器材
邊長16公分且高4.5公分的正方框模
竹籤
打蛋器
手持式電動攪拌棒
抹刀
擠花袋＋聖多諾黑花嘴
電動攪拌機
網篩
溫度計

材料

可可蛋糕體
Biscuit cacao
50%生杏仁膏100克
蛋黃50克
蛋35克
糖20＋25克
百花蜜10克
蛋白60克
可可膏25克
奶油25克
麵粉25克
可可粉15克

糖漬覆盆子
Confit framboises
覆盆子泥150克
糖40克
玉米澱粉6克
吉利丁片3克

巧克力慕斯
Mousse au chocolat
吉利丁片2.5克
全脂牛乳100克
牛奶巧克力150克
脂肪含量35%的液態鮮奶油160克

巧克力打發甘那許
Ganache montée chocolat
脂肪含量35%的液態鮮奶油100＋450克
葡萄糖30克
轉化糖25克
覆盆子泥100克
可可含量40%的牛奶巧克力350克

糖衣Enrobage
可可含量40%的覆蓋牛奶巧克力500克
牛奶鏡面淋醬200克
葡萄籽油50克
可可脂100克
杏仁碎適量

最後修飾
可可含量40%的牛奶巧克力150克

裝飾
新鮮覆盆子100克
阿西納水芹（Atsina Cress）20克
可可含量64%的黑巧克力30克

可可蛋糕體
將碗中的杏仁膏微波或以平底深鍋隔水加熱至50°C。用裝有攪拌槳的電動攪拌機，將杏仁膏、蛋黃和全蛋拌軟，並逐量加入20克的糖和蜂蜜。將攪拌槳換成打蛋器，攪打至形成緞帶狀。將蛋白和25克剩餘的糖打發至結實的蛋白霜。在平底深鍋中，將可可膏和奶油加熱至45°C融化。混合一半的打發蛋白霜、奶油和融化的可可膏，接著加入杏仁膏蛋糊。混入剩餘的打發蛋白霜，接著加入預先過篩的麵粉和可可粉。將正方框模擺在鋪有烤盤紙的烤盤上，倒入麵糊，入烤箱以180°C（溫控器6）烤約15至20分鐘。

糖漬覆盆子
在平底深鍋中加熱覆盆子泥，加入糖和玉米澱粉，煮沸並變得濃稠後，混入預先泡開並擰乾的吉利丁。在可可蛋糕體冷卻後，將蛋糕體留置在正方框模中，並將糖漬覆盆子倒在整個表面。冷藏凝固約30分鐘。

巧克力慕斯
加熱牛乳，讓泡開擠乾的吉利丁融化。倒入巧克力中，用手持電動攪拌棒攪拌至形成甘那許。將鮮奶油打發成泡沫狀香醍鮮奶油。在甘那許約18°C時，混合2種備料。將慕斯倒入糖漬覆盆子中至框模高度，冷凍凝固1小時。

巧克力打發甘那許
在平底深鍋中將100克的鮮奶油、葡萄糖、轉化糖和覆盆子泥煮沸，倒入預先切成小塊的巧克力中，用打蛋器拌勻，在甘那許中央形成有光澤的「基底noyau」。倒入剩餘450克的鮮奶油，拌勻後冷藏保存至少3小時。

糖衣
在隔水加熱的平底深鍋中，將巧克力和鏡面淋醬加熱至35°C融化，接著加入油。在另一個隔水加熱的平底深鍋中將可可脂加熱至40°C融化，再加入融化的巧克力，並加入杏仁碎拌勻。

組裝
脫模切成1.5×11公分手指般條狀（長方形），在冷凍慕斯表面插上2根竹籤，將長條狀蛋糕浸入糖衣，讓表面被糖衣包覆。用打蛋器打發覆盆子甘那許，填入裝有聖多諾黑花嘴的擠花袋，將甘那許擠在長條狀蛋糕表面。將切半的覆盆子、黑巧克力裝飾（見110頁），以及幾片水芹漂亮地擺在表面。

CAFÉ CITRON CHOCOLAT AU LAIT
牛奶巧克力檸檬咖啡蛋糕

約10塊

準備時間
1小時30分鐘

加熱時間
1小時

冷藏時間
1個晚上

冷凍時間
1小時

保存時間
冷藏可達48小時

器材
電動攪拌機
直徑3公分且高6公分的塔慕斯圈10個
直徑1公分的壓模
漏斗型濾器
冰淇淋挖勺
手持式電動攪拌棒
曲型抹刀
擠花袋+直徑10公釐的圓口花嘴
玻璃紙
擀麵棍
網篩
矽膠烤墊
溫度計

材料

巧克力指形蛋糕體
Biscuit cuillère chocolat
可可含量40%的牛奶巧克力250克
奶油90克
蛋黃200克
糖80+40克
蛋白350克
麵粉60克
澱粉60克
牛奶巧克力粉(chocolat au lait en poudre)40克

咖啡慕斯
Mousse au café
咖啡豆200克
脂肪含量35%的液態鮮奶油1公升+500克
吉利丁粉12克
水72克
可可含量40%的牛奶巧克力400克

檸檬奶油霜
Crémeux citron
蛋250克
糖225克
檸檬汁150克
奶油275克
吉利丁粉5克
水30克

巧克力鏡面
Glaçage chocolat
糖150克
水65克
葡萄糖150克
無糖煉乳100克
吉利丁粉10克
水60克
可可含量40%的牛奶巧克力150克

裝飾
可可含量40%的牛奶巧克力150克
咖啡豆10克

巧克力指形蛋糕體
在平底深鍋中將切塊的牛奶巧克力和奶油加熱至約40°C融化，混合均勻。將蛋黃和80克的糖攪拌至泛白，將融化的巧克力混入。用打蛋器將蛋白和剩餘的糖打發成結實的蛋白霜。將麵粉、澱粉和巧克力粉過篩。用橡皮刮刀輕輕混合巧克力蛋糊和蛋白霜，接著加入過篩的粉類。在鋪有矽膠烤墊的烤盤上倒入巧克力麵糊，鋪至約1公分的厚度，入烤箱以200°C（溫控器6/7）烤8至10分鐘。烤好後移至網架上，冷藏保存20幾分鐘。再裁成10×3公分的條狀和直徑1公分的圓餅。

咖啡慕斯
前1天在鋪有烤盤紙的烤盤上均勻鋪上咖啡豆，入烤箱以150°C（溫控器5）烘焙約10分鐘。冷卻後，用擀麵棍約略搗碎，浸泡在冷的鮮奶油中，冷藏保存一整個晚上。
隔天。過濾咖啡鮮奶油，按壓咖啡豆以萃取所有的香氣。如有需要，可加入液態鮮奶油，達到720克的重量。將400克的咖啡鮮奶油加熱至45°C，混入用水泡開的吉利丁。倒入預先加熱至40°C的牛奶巧克力中，攪拌至形成平滑的甘那許。再加入剩餘320克的咖啡鮮奶油，讓溫度降至16-18°C。用電動攪拌機將500克的鮮奶油打發成泡沫狀，接著用橡皮刮刀輕輕混入冷卻的甘那許中成為慕斯。保存在擠花袋中。

檸檬奶油霜
用打蛋器將蛋和糖攪拌至泛白，接著加入檸檬汁，全部倒入平底深鍋中，煮沸並不停攪打。離火後混入奶油，並加入預先用水泡開並融化的吉利丁。用手持電動攪拌棒攪打至形成乳霜狀質地。填入擠花袋，冷藏保存。

巧克力鏡面
乾煮糖以製作焦糖。將水和葡萄糖煮沸，接著倒入焦糖中以稀釋。加水補至265克的重量。倒入煉乳和預先用水泡開並融化的吉利丁中，拌勻。在隔水加熱的平底深鍋中，將巧克力加熱至融化，在35°C時倒入牛奶焦糖中，接著用手持電動攪拌棒攪打。在30°C時使用。

裝飾
依個人喜好製作裝飾（見110頁的裝飾）。

組裝
在直徑3公分的塔圈中，貼著塔圈內壁放入1條玻璃紙。鋪入1條指形蛋糕體，並在底部擺上1個直徑1公分的蛋糕體圓餅。用擠花袋擠入檸檬奶油霜至蛋糕體的高度，接著擠入咖啡慕斯至塔圈的高度，抹平並冷凍1小時。淋上鏡面並將蛋糕脫模。將檸檬奶油霜擠在表面，最後加上巧克力裝飾和1顆咖啡豆。

PINEAPPLE AU CHOCOLAT BLANC
白巧克力鳳梨蛋糕

10個蛋糕

準備時間
1小時30分鐘

冷藏時間
1小時

冷凍時間
1個晚上

加熱時間
10分鐘

保存時間
以密封罐保存可達1周

器材
邊長20公分且高4.5公分的正方框模
直徑5公分且高4.5公分的塔圈
手持式電動攪拌棒
3公分圓餅形矽膠模
霧面噴槍
擠花袋＋聖多諾黑花嘴
Microplane刨刀
玻璃紙
曲型抹刀
網篩
矽膠烤墊
溫度計

材料

杏仁蛋糕體
Biscuit amande
白巧克力25克
杏仁粉90克
糖粉60克
澱粉5克
蛋白65＋70克
糖15克
脂肪含量35%的液態鮮奶油35克

鳳梨果凝
Gelée ananas
鳳梨泥95克
青檸檬泥15克
糖12克
澱粉6克
吉利丁粉4克
水20克

白巧克力香草慕斯
Mousse vanille chocolat blanc
脂肪含量35%的液態鮮奶油120＋250克
香草莢1根
白巧克力120克
吉利丁粉2.5克
水15克

鳳梨果漬
Compotée d'ananas
鳳梨200克
青檸檬2顆
紅糖75克
八角茴香2顆
香草莢1根
蘭姆酒40克

透明鏡面 Glaçage miroir neutre
吉利丁粉2克
水18＋12克
糖45克
葡萄糖30克
青檸檬1顆
香草莢1根

噴霧 Appareil à pistolet
白巧克力150克
可可脂150克
椰子絲20克

杏仁蛋糕體

將白巧克力隔水加熱至約40°C，讓巧克力融化。混合杏仁粉、糖粉、澱粉和65克的蛋白。用糖將剩餘70克的蛋白攪打至緊實，直到形成結實的蛋白霜。輕輕混入先前的混料，將部分麵糊加入融化的白巧克力中，拌勻後加入剩餘的全部麵糊。將正方框模擺在鋪有矽膠烤墊的烤盤上，倒入麵糊，入烤箱以200°C（溫控器6/7）烤約8至10分鐘。快速移至網架上，以免蛋糕體乾燥，冷藏保存至少20分鐘。

鳳梨果凝

在平底深鍋中將鳳梨泥、青檸檬泥、糖和澱粉煮沸，不停攪拌。加入預先以水泡開的吉利丁，倒入矽膠圓餅模至約1公分的高度，冷藏放涼30分鐘。

白巧克力香草慕斯

在平底深鍋中倒入120克的鮮奶油和從剖半的香草莢中刮下的香草籽，煮沸後，將熱鮮奶油倒入切成碎塊的白巧克力中，攪拌至形成平滑的甘那許。加入預先以水泡開的吉利丁拌勻。用打蛋器將剩餘250克的鮮奶油攪打至打發，在甘那許達約20°C時，用橡皮刮刀輕輕混入打發鮮奶油。

鳳梨果漬

將鳳梨切成邊長1公分的小丁。取下青檸檬皮並榨出汁。在平底深鍋中，將紅糖乾煮成焦糖。在形成金黃色時，加入八角茴香、剖半刮出籽的香草莢，以及鳳梨丁。煮至鳳梨的水分減少，最後加入蘭姆酒，接著點火焰燒，讓酒精揮發。將果漬放入鳳梨果凝的矽膠模中約1公分高，理想上最好冷凍保存一整個晚上。

透明鏡面

用18克的水將吉利丁泡開。在平底深鍋中，用糖、葡萄糖和12克的水製作糖漿。加入青檸檬皮，以及從剖開香草莢中刮下的香草籽。用手持電動攪拌棒攪打至均勻，混入泡開的吉利丁。冷藏放涼1小時。

噴霧

將可可脂和巧克力個別隔水加熱至35°C融化，接著一起用手持電動攪拌棒攪拌。加熱至50°C，過濾後裝入噴槍中。

組裝

在直徑5公分的塔圈中放入1條和塔圈內壁等高的玻璃紙。將白巧克力香草慕斯鋪在塔圈底部和內壁約5公釐厚，在模型底部擺上1塊以塔圈裁切的圓形蛋糕體。擺上果凝圓餅和鳳梨果漬，接著擠上慕斯，用曲型抹刀將表面抹平，冷凍2小時。剩餘的慕斯放入裝有聖多諾黑花嘴的擠花袋，在鋪有烤盤紙的烤盤上擠出裝飾，冷凍2小時。用噴槍噴上霧面，形成絲絨效果。將小蛋糕脫模，擺在網架上，接著淋上鏡面，在鏡面凝固時，將蛋糕移至烤盤紙上，用刮刀在底部周圍鋪上椰子絲，在表面擺上絲絨慕斯，最後用少許鳳梨果凝完成裝飾。

CARRÉMENT CHOCOLAT
方塊巧克力

8人份

準備時間
3小時

冷藏時間
2小時

冷凍時間
2小時

加熱時間
15至20分鐘

凝固時間
45分鐘

保存時間
冷藏可達48小時

器材
30×40公分的
正方框模
電動攪拌機
手持式電動攪拌棒
玻璃紙（5×3公分）
邊長5公分且高5公分
的正方框模
矽膠烤墊
溫度計

材料

巧克力蛋糕體
Biscuit chocolat
蛋250克
蛋黃115克
糖65克
轉化糖100克
可可含量60至65%的
覆蓋黑巧克力
（chocolat de
couverture）125克
奶油190克
花生油20克
麵粉115克

巧克力甘那許
Ganaches au
chocolat
脂肪含量35%的液態
鮮奶油310克
轉化糖20克
可可含量60至65%的
覆蓋黑巧克力265克
奶油60克

巧克力酥片
Croustillant chocolat
可可含量60%的
黑巧克力75克
奶油40克
帕林內70克
榛果醬40克
酥脆薄片35克
鹽之花1.5克

巧克力慕斯
Mousse au chocolat
牛乳320克
轉化糖25克
可可含量60至65%的
覆蓋巧克力430克
帕林內70克
吉利丁粉7克
水42克
脂肪含量35%的
液態鮮奶油560克

巧克力鏡面
Glaçage chocolat
脂肪含量35%的
液態鮮奶油190克
葡萄糖95克
可可粉72克
礦泉水100克
糖260克
轉化糖28克
吉利丁粉15克
水90克

裝飾
邊長8公分的
巧克力片8片
邊長4公分的
巧克力片塊8片
金粉10克
櫻桃酒10克

巧克力蛋糕體
用電動攪拌機攪打全蛋、蛋黃、糖和轉化糖，攪打至形成泡沫狀質地。將巧克力、奶油和油隔水加熱至融化，拌勻。將融化的巧克力混入蛋糊中，接著加入麵粉。攪拌至形成均勻質地。倒入30×40公分的正方框模中，正方框模預先擺在鋪有矽膠烤墊的烤盤上。入烤箱以160°C（溫控器5/6）烤約15分鐘。

巧克力甘那許
在平底深鍋中加熱鮮奶油和轉化糖，倒入預先隔水加熱至40°C融化的覆蓋巧克力中，拌勻後加入塊狀奶油，接著用手持電動攪拌棒攪打。直接淋在巧克力蛋糕體上，冷藏凝固45分鐘。取下正方框模，冷藏保存。

巧克力酥片
將巧克力和奶油隔水加熱至40°C融化。用電動攪拌機攪打帕林內和榛果醬，加入酥脆薄片和鹽之花，鋪在另一個30×40公分的正方框模中，冷藏保存30幾分鐘。將冷藏保存的甘那許蛋糕體擺在巧克力酥片上。

巧克力慕斯
製作甘那許基底，加熱牛乳和轉化糖，倒在切碎的覆蓋巧克力上。拌勻後以手持式電動攪拌棒攪拌。將液態鮮奶油打發，接著在甘那許達約35°C時，輕輕混入打發鮮奶油。

巧克力鏡面
在平底深鍋中將液態鮮奶油和葡萄糖加熱至微溫（不要煮沸），並加入可可粉。將水和糖煮至110°C，將上述糖漿倒入巧克力鮮奶油中，加入預先以水泡開的吉利丁。用手持電動攪拌棒稍微攪打後加入轉化糖。冷藏保存。在32至35°C時使用。

組裝
將組裝好的甘那許蛋糕體酥片，切成邊長4.5公分的正方形。在小的正方形模底部，用擠花袋擠入巧克力慕斯至半滿，並鋪至內壁。插入甘那許蛋糕體酥片方塊與模型等高，冷凍至少2小時。為冷凍方塊脫模並淋上鏡面，用櫻桃酒將金粉拌開。將玻璃紙側邊浸入以酒調勻的金粉中，在方塊表面劃出金黃色的細線。用剩餘的巧克力慕斯將巧克力片固定在上方。

CHOUX CHOC
巧克泡芙

8人份

準備時間
3小時

加熱時間
3小時

冷藏時間
3小時

冷凍時間
2小時

保存時間
冷藏可達48小時

器材
漏斗型濾器
手持式電動攪拌棒
直徑6公分的圓形矽膠模8個
擠花袋＋直徑15公釐的圓口花嘴
矽膠烤墊
溫度計

材料

巧克力泡芙麵糊
Pâte à choux chocolat
全脂牛乳120克
奶油50克
糖2克
細鹽2克
T55麵粉50克
可可粉15克
蛋120克

可可脆皮
Craquelin cacao
麵粉90克
可可粉15克
糖90克
奶油75克

可可甜酥塔皮
Pâte sucrée cacao
奶油125克
糖粉90克
蛋40克
T55麵粉180克
杏仁粉25克
可可粉25克

松子酥 Croustillant aux pignons
可可脂6克
可可含量40%的牛奶巧克力55克
占度亞榛果巧克力70克
50%杏仁膏35克
烤松子25克
米香（riz soufflé）20克
酥脆薄片35克

蜂蜜綠茶慕斯
Mousse au thé vert-miel
脂肪含量35%的液態鮮奶油115＋290克
綠茶3克
蛋黃30克
蜂蜜20克
吉利丁粉5克
水30克

巧克力奶油霜
Crémeux chocolat
可可含量64%或66%的黑巧克力105克，或可可含量40%的牛奶巧克力125克
全脂牛乳100克
脂肪含量35%的液態鮮奶油100克
蛋黃30克
糖50克

糖漬洋梨
Confit de poire
洋梨泥100克
糖8克
NH 果膠2克
新鮮洋梨100克

巧克力鏡面
Glaçage chocolat
脂肪含量35%的液態鮮奶油190克
葡萄糖95克
可可粉72克
礦泉水100克
糖260克
轉化糖28克
吉利丁粉15克
水90克

裝飾
可可含量60%的黑巧克力200克
洋梨1顆
茶葉幾片
金箔1片

巧克力泡芙麵糊 Pâte à choux chocolat
在平底深鍋中將牛乳、奶油、鹽和糖煮沸。離火後，一次加入過篩的麵粉、可可粉，並用刮刀用力攪拌至形成麵糊，如有需要可重新以小火加熱平底深鍋，將麵糊的水分蒸發，麵糊不應沾黏鍋壁。將麵糊移至不鏽鋼盆中，用刮刀將蛋液逐量拌入麵糊中，攪拌至形成平滑的麵糊。用刮刀抵著鍋底劃出一道條紋，以確認質地。麵糊應緩慢密合；如有需要，可再加蛋液調節。在鋪有矽膠烤墊的烤盤上，用裝有直徑15公釐花嘴的擠花袋擠出直徑4公分的泡芙麵糊。

可可脆皮 Craquelin cacao
混合所有材料成團。夾在2張烤盤紙之間，擀至約2公釐的厚度。冷凍20分鐘，用壓模裁出直徑4公分的圓。擺在泡芙上，入烤箱以180°C（溫控器6）烤約35分鐘。

可可甜酥塔皮 Pâte sucrée cacao
混合所有材料成團。將塔皮擀成3公釐的厚度，裁成直徑4公分的圓形塔皮，入烤箱以175°C（溫控器5/6）烤約20分鐘。

松子酥
將可可脂、牛奶巧克力和占度亞榛果巧克力加熱至融化，加入杏仁膏。混入松子、爆米香和酥脆薄片，倒入直徑6公分的圓模中。

蜂蜜綠茶慕斯
將綠茶浸泡在預先加熱至50°C的115克鮮奶油中5分鐘，接著以漏斗型網篩過濾，加入蜂蜜並煮沸。將部分的熱鮮奶油倒入打散的蛋黃中，接著再全部倒回平底深鍋中。煮至83°C濃稠成層（à la nappe），離火，加入預先用水泡開的吉利丁拌勻，將英式奶油醬放涼。在降溫達25°C時，輕輕混入攪打至發泡的290克鮮奶油。立刻將慕斯填入直徑6公分的模型中達約1公分的高度，擺上1片松子酥片，冷凍至少2小時。之後脫模再淋上鏡面。

巧克力奶油醬
在平底深鍋中，將（黑或牛奶）巧克力隔水加熱至35至40°C融化。在另一個平底深鍋中將牛乳、鮮奶油和一半的糖煮沸。用打蛋器將蛋黃和剩餘的糖攪拌至泛白。在牛乳煮沸時，將部分牛乳倒入蛋糊中，用打蛋器拌勻，再全部倒回鍋中，一邊用刮刀攪拌，一邊持續煮至濃稠成層（à la nappe），直到溫度達83-85°C。分3次將英式奶油醬倒入融化的巧克力中，接著用手持電動攪拌棒攪打幾秒鐘，將奶油醬倒入平坦容器內，並在表面緊貼上保鮮膜，冷藏保存至少3小時。

糖漬洋梨
加熱果泥後加入預先混有果膠的糖。煮沸後，冷藏保存2小時。在糖漬果泥冷卻後，將新鮮洋梨切成邊長5公釐的小丁，加入糖漬果泥中。

裝飾
為巧克力調溫（見28至32頁的技術）。製作8個直徑7公分和直徑4公分極薄的圓片（見110頁的裝飾）。

巧克力鏡面
在平底深鍋中將液態鮮奶油和葡萄糖加熱至微溫（不要煮沸），並加入可可粉。將水和糖煮至110°C，將上述糖漿倒入巧克力鮮奶油中，加入預先用水泡開的吉利丁，用電動攪拌機稍微攪打後加入轉化糖。冷藏保存。

組裝
將泡芙表面稍微切開，用擠花袋填入巧克力奶油醬至半滿，最後用糖漬洋梨填滿泡芙。將泡芙倒置在甜酥塔皮圓餅上，接著擺上1個直徑7公分的巧克力圓片，再擺上鋪有鏡面的綠茶慕斯和直徑4公分的巧克力圓片，在表面放上1顆邊長1公分的洋梨丁、幾片茶葉和1片金箔裝飾。

FORÊT-NOIRE
黑森林蛋糕 **254**

OPÉRA
歐培拉 **256**

ROYAL CHOCOLAT
皇家巧克力蛋糕 **258**

GALETTE AU CHOCOLAT
巧克力國王餅 **260**

BÛCHE MOZART
莫扎特木柴蛋糕 **262**

CHARLOTTE AU CHOCOLAT
巧克力夏洛特蛋糕 **264**

SAINT-HONORÉ AU CHOCOLAT
巧克力聖多諾黑 **266**

MILLE-FEUILLE AU CHOCOLAT
巧克力千層酥 **268**

MONT-BLANC AU CHOCOLAT
巧克力蒙布朗 **270**

ENTREMETS CHERRY CHOCOLAT
櫻桃巧克力蛋糕 **272**

ENTREMETS CHOCOLAT
CARAMEL BERGAMOTE
佛手柑焦糖巧克力蛋糕 **274**

LES RECETTES SOPHISTIQUÉES

精巧細緻的配方

FORÊT-NOIRE
黑森林蛋糕

6至8人份

準備時間
1小時30分鐘

加熱時間
20分鐘

冷藏時間
30分鐘

保存時間
24小時

器材
打蛋器
主廚刀
直徑18公分的模型
抹刀和曲型抹刀
糕點刷
擠花袋+直徑15公釐的圓口花嘴
電動攪拌機
溫度計

材料

巧克力海綿蛋糕 Génoise au chocolat
蛋100克
糖62克
麵粉50克
玉米澱粉6克
可可粉6克

浸泡糖漿 Sirop d'imbibage
水50克
糖50克
阿瑪雷納酒漬櫻桃汁 (jus de Griottines et d'amarena)50克
礦泉水25克

打發甘那許 Ganache montée
脂肪含量35%的液態鮮奶油92克
轉化糖8克
可可含量58%的覆蓋黑巧克力 (chocolat de couverture)30克

香草香醍鮮奶油 Chantilly à la vanille
脂肪含量35%的液態鮮奶油300克
糖粉30克
香草精2克

最後修飾
酒漬櫻桃150克
巧克力刨花適量

巧克力海綿蛋糕
在隔水加熱鍋中，用打蛋器將蛋和糖打發，蛋糊溫度務必不要超過45°C，攪打至形成緞帶狀質地。輕輕混入過篩後的麵粉、澱粉和可可粉。將海綿蛋糕麵糊倒入直徑18公分的模型中，入烤箱以180°C（溫控器6）烤20分鐘。

浸泡糖漿
在平底深鍋中將所有材料煮沸。

打發甘那許
在平底深鍋中將30克的液態鮮奶油和轉化糖煮沸，接著倒入切成碎塊的黑巧克力中形成甘那許。在裝有打蛋器電動攪拌機的攪拌缸中，倒入冷卻的巧克力甘那許和剩餘冰涼的液態鮮奶油，整個打發至形成乳霜狀質地。

香草香醍鮮奶油
在裝有打蛋器電動攪拌機的攪拌缸中，放入所有材料，攪打至形成蓬鬆的乳霜狀香醍鮮奶油。

組裝
將海綿蛋糕橫切成3片，用糕點刷為第1片海綿蛋糕刷上糖漿。用抹刀鋪上甘那許，撒上酒漬櫻桃。擺上第2塊海綿蛋糕圓餅，刷上糖漿，接著加上一層香醍鮮奶油。擺上最後1塊海綿蛋糕圓餅，刷上糖漿，整個蛋糕的表面都蓋上一層香醍鮮奶油。冷藏保存30分鐘，接著用巧克力刨花（見114頁技術）裝飾。

TRUCS ET ASTUCES DE CHEFS
必學主廚技巧

這款蛋糕無須用塔圈進行組裝。

OPÉRA
歐培拉

6至8人份

準備時間
2小時

加熱時間
8分鐘

冷藏時間
1小時

保存時間
48小時

器材
手持式電動攪拌棒
糕點刷
電動攪拌機
溫度計
邊長12公分且高
2.5公分的正方框模

材料

杏仁海綿蛋糕體
Biscuit joconde
蛋150克
糖粉115克
杏仁粉115克
麵粉30克
融化奶油45克
蛋白105克
糖15克

法式奶油霜
Crème au beurre
糖100克
水100克
蛋白125克
奶油325克
咖啡精適量

甘那許 Ganache
全脂牛乳160克
脂肪含量35%的
液態鮮奶油35克
可可含量64%的
黑巧克力125克
奶油65克

浸泡糖漿
Sirop d'imbibage
濃縮咖啡粉62克
水750克
糖62克

鏡面 Glaçage
棕色鏡面淋醬100克
玉米油50克
可可含量58%的
黑巧克力100克

杏仁海綿蛋糕體
在裝有打蛋器電動攪拌機的攪拌缸中，快速攪打蛋、糖粉、杏仁粉、融化奶油和麵粉約5分鐘。在另一個攪拌缸將蛋白打發成泡沫狀，加入糖打發，讓質地形成更結實的蛋白霜。將先前製作的麵糊輕輕混入蛋白霜中，鋪在烤盤上，入烤箱以180°C（溫控器6）烤5至8分鐘。

法式奶油霜
在平底深鍋中放入水和糖，煮至117°C。用裝有打蛋器的電動攪拌機預先將蛋白打發成泡沫狀，將熱糖漿倒入攪拌缸的打發蛋白霜中，以中速持續攪拌至溫度降至20-25°C。混入常溫奶油，攪拌至形成乳霜狀混料，接著加入咖啡精。冷藏保存。

甘那許
在平底深鍋中將牛乳和鮮奶油煮沸，倒入切成碎塊的巧克力中，用橡皮刮刀混合，混入切丁的常溫奶油，用手持電動攪拌棒攪打至形成平滑質地。

浸泡糖漿
在平底深鍋中加熱水和糖，接著加入咖啡粉。

組裝
將蛋糕體切成3個邊長12公分的正方片，在其中1片蛋糕體方塊下方鋪上一層極薄的巧克力，擺在紙底板上，靜置凝固，套入正方框膜。用糕點刷在蛋糕體刷上糖漿，接著鋪上一層均勻的法式奶油霜。為第2片杏仁海綿蛋糕體的兩面刷上糖漿，擺在先前的蛋糕體上，鋪上甘那許。最後1片蛋糕體也以同樣方式處理，蓋上法式奶油霜並抹平，冷藏凝固1小時。將鏡面淋醬和巧克力隔水加熱或微波加熱至融化，接著加入油，在歐培拉完全冷卻時取出，淋上鏡面，再脫模，也可擠上想要的花紋裝飾。

ROYAL CHOCOLAT
皇家巧克力蛋糕

8至10人份

準備時間
2小時

加熱時間
10至12分鐘

冷凍時間
1小時30分鐘

保存時間
3日

器材
直徑20公分的
圓形塔圈
漏斗型濾器
打蛋器
抹刀
霧面噴槍（Pistolet à velours）
擠花袋＋花嘴
電動攪拌機
網篩
溫度計

材料

杏仁達克瓦茲
Dacquoise amandes
糖粉125克
杏仁粉125克
玉米澱粉25克
蛋白150克
糖75克
粗紅糖25克

千層酥 Croustillant feuilletine
覆蓋牛奶巧克力（chocolat de couverture lait）40克
榛果帕林內（或杏仁帕林內）50克
酥脆薄片50克

巧克力慕斯
Mousse au chocolat
全脂牛乳160克
蛋黃50克
糖30克
可可含量58%的
覆蓋黑巧克力190克
脂肪含量35%的
液態鮮奶油300克

噴霧 Appareil à pistolet
可可脂50克
覆蓋牛奶巧克力
50克

杏仁達克瓦茲
將糖粉、杏仁粉和澱粉一起過篩。在裝有打蛋器電動攪拌機的攪拌缸中，將蛋白打發成泡沫狀，並用糖和粗紅糖攪打至成為結實的蛋白霜。用橡皮刮刀輕輕混合蛋白霜和過篩的粉類，將麵糊鋪在不沾烤盤上，入烤箱以210°C（溫控器7）烤約10至12分鐘。

千層酥
將牛奶巧克力加熱至融化，輕輕和剩餘的材料混合。

巧克力慕斯
製作英式奶油醬（見50頁的技術），用漏斗型濾器過濾，趁熱倒入切成碎塊的巧克力中，放涼至40°C。將鮮奶油稍微打發（勿過硬），接著輕輕混入巧克力奶油醬中。

噴霧
將可可脂和巧克力個別隔水加熱至35°C融化。混合可可脂和巧克力，加熱至50°C，過濾後裝入噴槍內。

組裝
裁切出第1個直徑18公分的圓形達克瓦茲，擺在直徑20公分的塔圈內，填入巧克力慕斯（約模型的1/3），均勻鋪開以免中間產生氣孔。放入切出第2塊直徑18公分的達克瓦茲圓餅，鋪上千層酥，在塔圈中再填入巧克力慕斯，用抹刀將巧克力慕斯抹平，冷凍1小時30分鐘。將剩餘的慕斯填入裝有花嘴的擠花袋，最好趁尚未解凍時在蛋糕上擠出線條裝飾。冷凍後取出噴上霧面，形成絲絨效果。

GALETTE AU CHOCOLAT
巧克力國王餅

6人份

準備時間
2小時

冷藏時間
1小時20分鐘

加熱時間
40分鐘

保存時間
48小時

器材
直徑20公分的
圓形塔圈
豆粒
打蛋器
糕點刷
擠花袋
擀麵棍

材料
巧克力千層派皮
(見68頁配方)500克
鈕扣狀牛奶巧克力
100克

榛果奶油餡
Crème noisette
膏狀奶油60克
糖60克
蛋50克
杏仁粉20克
榛果粉40克

蛋液Dorure
蛋50克

糖漿Sirop
水100克
糖100克

榛果奶油餡
在不鏽鋼盆中，用打蛋器將奶油和糖攪拌至泛白。混入蛋，接著加入杏仁粉和榛果粉，用力攪拌，形成均勻的奶油餡。

組裝
將巧克力千層派皮分成2個250克的麵團。將派皮擀薄，切成邊長20公分的2個正方形。在第1張派皮上壓出直徑20公分的圓，表面刷上蛋液，接著用擠花袋擠出直徑16公分且集中的螺旋狀榛果奶油餡。可視個人喜好擺上豆粒。在塔圈內的榛果奶油餡上，均勻地撒上鈕扣狀牛奶巧克力。將第2塊方形的千層派皮蓋在榛果奶油餡上，周圍仔細壓平密合後，冷藏保存20分鐘。翻面，用20公分的塔圈進行裁切。以水果刀背在國王餅周圍劃出裝飾線條，刷上第一次蛋液，再度冷藏約1小時。取出刷上第2次蛋液，依個人喜好用刀尖在表面劃出裝飾。在國王餅表面戳出4至5個洞以透氣，入烤箱以180°C（溫控器6）烤約30至40分鐘。

糖漿
在平底深鍋中將水和糖煮沸，製作糖漿。在國王餅出爐後，用糕點刷刷上薄薄一層糖漿。放涼30幾分鐘後再品嚐。

BÛCHE MOZART
莫扎特木柴蛋糕

木柴蛋糕1個

準備時間
2小時

加熱時間
8至10分鐘

凝固時間
20分鐘

冷凍時間
3小時

保存時間
48小時

器材
漏斗型濾器
打蛋器
手持式電動攪拌棒
30×8公分和30×4公分的槽型模
曲型抹刀
電動攪拌機
矽膠烤墊

材料

巧克力杏仁海綿蛋糕體 Biscuit Joconde chocolat
杏仁粉125克
糖粉125克
麵粉25克
可可粉10克
蛋175克
奶油25克
蛋白125克
糖20克

酥底
Fond croustillant
可可含量64%的覆蓋黑巧克力(chocolat de couverture)15克
可可含量40%的覆蓋牛奶巧克力15克
帕林內125克
榛果醬50克
酥脆薄片80克

香草凝膠奶油醬
Crème gélifiée vanille
牛乳250克
脂肪含量35%的液態鮮奶油250克
香草莢2根
糖75克
蛋黃150克
吉利丁粉5克
水60克

巧克力慕斯
Mousse au chocolat
可可含量64%的覆蓋黑巧克力125克
蛋黃40克
糖度1260 D的糖漿55克
脂肪含量35%的液態鮮奶油250克

黑色鏡面
Glaçage noir
水150克
糖300克
葡萄糖300克
甜煉乳200克
吉利丁粉26克
水140克
可可含量60%的黑巧克力360克

巧克力杏仁海綿蛋糕體
在裝有攪拌槳電動攪拌機的攪拌缸中，混合杏仁粉、糖粉、麵粉和可可粉。分3次加入預先打散的全蛋，以中速攪拌至形成均勻平滑的質地。移至不鏽鋼盆中，接著混入融化奶油。在裝有打蛋器電動攪拌機的攪拌缸中，將蛋白和糖打發至硬性發泡的蛋白霜。用橡皮刮刀將打發蛋白霜混入麵糊中，形成蓬鬆質地。用曲型抹刀在鋪有矽膠烤墊的烤盤上，將杏仁海綿蛋糕體麵糊鋪平，用拇指劃過烤盤周圍，以去除多餘的麵糊並形成整齊的邊。入烤箱以230°C（溫控器7/8）烤8至10分鐘。取出放涼後切出1片28×16公分的蛋糕體，以便鋪在大槽型模的內壁，以及1片28×8公分的蛋糕體，以鋪在模型底部。

酥底
將切成碎塊的巧克力隔水加熱至融化。混合帕林內和榛果醬，接著加入融化巧克力，再加入酥脆薄片，輕輕混合。薄薄地鋪在矽膠烤墊上，靜置凝固至組裝的時刻。

香草凝膠奶油醬
製作如英式奶油醬般的奶油醬（見50頁的技術）。將香草莢中的香草籽浸泡在牛乳和鮮奶油中，用預先以水泡開的吉利丁混入英式奶油醬中，再倒入小的槽型模內。

巧克力慕斯
將巧克力隔水加熱至45°C融化。將糖漿煮沸，同時將蛋黃打發至顏色泛白，再倒入糖漿，持續攪拌，直到蛋糊降溫至25°C。將液態鮮奶油打發成泡沫狀，將1/3的打發鮮奶油和融化的巧克力混合，接著混入剩餘的鮮奶油，與打發的蛋黃糊，攪拌至形成均勻質地。

黑色鏡面
在平底深鍋中，將水、糖和葡萄糖煮至103°C，加入煉乳，接著是預先用水泡開的吉利丁。再倒入切成碎塊的巧克力，接著用手持電動攪拌棒攪打，以漏斗型網篩過濾，待鏡面達30°C後再使用。

組裝
在鋪有蛋糕體的槽形模中鋪上第1層巧克力慕斯，至約1/3的高度，將凝膠奶油醬的小槽型模脫模，擺在慕斯上，接著加入第2層慕斯。擺上1片28×8公分的杏仁海綿蛋糕體，接著是1片同樣大小的酥底。冷凍3小時，之後在網架上脫模並淋上鏡面。依個人喜好進行裝飾。

CHARLOTTE AU CHOCOLAT
巧克力夏洛特蛋糕

6人份

準備時間
1小時30分鐘

加熱時間
8至10分鐘

保存時間
3日

器材
直徑16公分且高4.5公分的塔圈
小濾網
擠花袋+直徑6公釐的圓口花嘴
電動攪拌機
玻璃紙（Feuille de Rhodoïd）
網篩
矽膠烤墊

材料

巧克力指形蛋糕體
Biscuit cuillère chocolat
奶油30克
可可含量64%的黑巧克力75克
蛋白120克
糖20+20克
蛋黃66克
可可粉13克
麵粉20克
玉米澱粉20克
糖粉適量

巧克力巴伐利亞
Bavaroise au chocolat
牛乳125克
蛋黃40克
糖40克
可可含量50%的黑巧克力65克
吉利丁粉2克
水6克
可可粉13克
脂肪含量35%的液態鮮奶油125克

糖漿
糖50克
水65克
可可粉15克
葡萄糖15克

裝飾
黑巧克力200克
可可粉適量
糖粉適量

巧克力指形蛋糕體
在隔水加熱的平底深鍋中，將奶油和切塊的黑巧克力加熱至融化。在裝有打蛋器的電動攪拌機的攪拌缸，將蛋白和20克的糖攪打至硬性發泡的蛋白霜。在不鏽鋼盆中攪打蛋黃和剩餘20克的糖，加入打發蛋白霜並輕輕混合。將少量的上述蛋糊加入融化的巧克力中，拌軟後加入全部的蛋糊。將可可粉、麵粉和澱粉一起過篩後，加入蛋糊中，用橡皮刮刀輕輕混合。填入擠花袋，接著擺在鋪有烤盤紙的烤盤上，擠出1條條6公分長，緊連著的麵糊，形成6×60公分的長方形，和2個直徑14公分的圓形麵糊。篩上薄薄一層糖粉，入烤箱以210°C（溫控器7）烤6至8分鐘。

巧克力巴伐利亞
在平底深鍋中加熱牛乳。將蛋黃和糖攪拌至泛白，將熱牛乳倒入泛白的蛋黃中，一邊攪拌，再倒回平底深鍋中持續攪拌加熱，煮成83°C的英式奶油醬，接著倒入切成碎塊的黑巧克力中，混入以水泡開的吉利丁至均勻。擺在下墊冰塊的不鏽鋼盆中放涼。在英式奶油醬達14-16°C時，加入可可粉。將液態鮮奶油打發至硬性發泡，混入英式奶油醬中，攪拌至形成均勻質地。

糖漿
在平底深鍋中將所有材料煮沸。以漏斗型網篩過濾，冷藏保存。

裝飾
製作巧克力大刨花（見114頁的技術）。

組裝
在塔圈中垂直放入1條玻璃紙圍邊，修整長方形蛋糕體的長度，並貼合玻璃紙，放入塔圈中。在塔圈底部擺上1片蛋糕體圓餅，為蛋糕體刷上糖漿後，放入巧克力巴伐利亞至半高，再擺上第2片預先在兩面刷上糖漿的蛋糕體圓餅。以巧克力巴伐利亞填滿塔圈，用大巧克力刨花裝飾，冷藏保存至巧克力巴伐利亞凝固。享用前篩上可可粉和糖粉。

TRUCS ET ASTUCES DE CHEFS
必學主廚技巧

巧克力指形蛋糕體一烤好就立刻移至保存容器，以免乾燥，並冷藏保存。

SAINT-HONORÉ AU CHOCOLAT
巧克力聖多諾黑

6人份

準備時間
3小時

冷藏時間
1個晚上

加熱時間
40分鐘

保存時間
24小時

器材
直徑3公分的圓形壓模
手持式電動攪拌棒
直徑16公分的矽膠模
擠花袋＋直徑10公釐的圓口花嘴和聖多諾黑花嘴
擀麵棍
溫度計

材料

巧克力千層派 Feuilletage chocolat
T65麵粉220克
可可粉20克
鹽5克
水145克
融化奶油25克
折疊用奶油200克

泡芙麵糊 Pâte à choux
半脫脂牛乳56克
奶油25克
鹽1克
T55麵粉25克
可可粉6克
蛋56克

巧克力酥皮 Crumble chocolat
麵粉120克
可可粉20克
粗紅糖120克
奶油100克
切碎可可粒15克

巧克力乳霜 Crémeux chocolat
可可含量64%或66%的黑巧克力105克或可可含量40%的牛奶巧克力125克
全脂牛乳100克
脂肪含量35%的液態鮮奶油100克
蛋黃30克
糖50克

香草巧克力香醍鮮奶油 Chantilly chocolat vanille
脂肪含量35%的液態鮮奶油200克
可可含量64%的黑巧克力80克
香草莢1/2根

巧克力鏡面 Glaçage chocolat
脂肪含量35%的液態鮮奶油190克
葡萄糖95克
可可粉72克
礦泉水100克
糖260克
轉化糖28克
吉利丁粉15克
水75克

裝飾
金箔

巧克力千層派

製作巧克力千層派皮（見68頁技術）。將派皮擀成直徑20公分且厚3公釐的圓，將圓形派皮擺在鋪有烤盤紙的烤盤上，接著在派皮上蓋第2張烤盤紙並疊上烤盤。入烤箱以170°C（溫控器5/6）烤15至20分鐘。

泡芙麵糊

製作泡芙麵糊（見212頁的技術）。將麵糊填入裝有直徑10公釐圓口花嘴的擠花袋，在鋪有矽膠烤墊的烤盤上擠出直徑3公分的泡芙麵糊。

巧克力酥皮

在工作檯上用指尖將麵粉、可可粉和粗紅糖混合，混入預先切成小塊狀的奶油，接著是可可粒，混合至形成沙狀，之後成團。將酥皮麵團擀薄至3公釐的厚度，冷凍保存20分鐘。用壓模裁成3公分的圓，接著擺在泡芙麵糊上，入烤箱以170°C（溫控器5/6）烤15至20分鐘。

巧克力乳霜

在平底深鍋中，將（黑或牛奶）巧克力隔水加熱至35至40°C融化。在另一個平底深鍋中將牛乳、鮮奶油和一半的糖煮沸。用打蛋器將蛋黃和剩餘的糖攪拌至泛白。在牛乳煮沸時，將部分牛乳倒入蛋黃糊中，用打蛋器拌勻，再全部倒回平底深鍋，一邊以刮刀攪拌，繼續煮至濃稠成層（à la nappe），直到溫度達83-85°C。將英式奶油醬分3次倒入融化的巧克力中，接著用手持電動攪拌棒攪打幾秒。將巧克力乳霜倒入直徑16公分的模型達2公分高，冷凍保存45分鐘。將剩餘的巧克力乳霜移至碗中，在表面緊貼上保鮮膜，冷藏放涼一整晚。

香草巧克力香醍鮮奶油

將巧克力隔水加熱至55°C融化。將剖半的香草莢中刮下的香草籽放入鮮奶油中，用電動攪拌機將鮮奶油打發成泡沫狀。在融化巧克力中混入少許的鮮奶油，接著全部倒回打發鮮奶油中，用橡皮刮刀輕輕混合，填入裝有聖多諾黑花嘴的擠花袋。

巧克力鏡面

在平底深鍋中將液態鮮奶油和葡萄糖加熱至微溫（不要煮沸），並加入可可粉。將水和糖煮至110°C，倒入巧克力鮮奶油中，加入預先以水泡開的吉利丁，用手持電動攪拌棒稍微攪打後加入轉化糖，冷藏保存。在32至35°C時使用。

組裝

用擠花袋將剩餘的巧克力乳霜從下方填入泡芙中。將泡芙頂層浸入巧克力鏡面，將鏡面凝固的泡芙擺在巧克力千層派圓餅上，對稱地擺上6個，鏡面朝上。用裝有聖多諾黑花嘴的擠花袋，在泡芙中央和泡芙之間擠上香醍鮮奶油。將最後1顆泡芙擺在中央，用少許金箔裝飾。

MILLE-FEUILLE AU CHOCOLAT
巧克力千層酥

6人份

準備時間
3小時

靜置時間
1小時

加熱時間
30至40分鐘

保存時間
48小時

器材
鋸齒刀
40×60公分的巧克力造型專用紙
打蛋器
曲型抹刀
擠花袋+直徑15公釐的圓口花嘴
擀麵棍

材料

巧克力千層派皮
Pâte feuilletée chocolat
T65麵粉220克
可可粉20克
鹽5克
水145克
融化奶油25克

基本揉和麵團
Détrempe
折疊用奶油200克

巧克力打發甘那許
Ganache montée chocolat
脂肪含量35%的液態鮮奶油250+450克
葡萄糖50克
可可含量70%的黑巧克力190克

巧克力薄脆片Fine feuille craquante de chocolat
可可含量64%的黑巧克力200克
可可粒(grué de cacao)50克
酥脆薄片50克
食用閃亮金粉1克

巧克力千層派皮
製作派皮(見68頁的技術)。切成2片邊長18公分且厚2公釐的正方形派皮，冷藏靜置1小時。在鋪有烤盤紙的烤盤上，擺上正方形派皮，再蓋上烤盤紙，並在上方疊上另一個烤盤。入烤箱以170°C(溫控器5/6)烤約40分鐘。

巧克力打發甘那許
在平底深鍋中將250克的鮮奶油和葡萄糖煮沸，倒入預先切成碎塊的巧克力中，用打蛋器拌勻，在甘那許中央形成具光澤的「基底noyau」，倒入剩餘450克的鮮奶油，拌勻後，冷藏保存至少3小時。

巧克力薄脆片
為巧克力調溫(見28至32頁的技術)。用曲型抹刀在巧克力造型專用紙上鋪至2至3公釐的厚度，撒上可可粒和預先刷上金粉並弄碎的酥脆薄片，接著靜置凝固2至3分鐘。用刀切成1片邊長16公分的正方形，和一些邊長2或3公分較小的正方形。

組裝
在千層派冷卻時，小心用鋸齒刀切成邊長16公分的正方形。將甘那許打發，用裝有圓口花嘴的擠花袋將甘那許球緊密地擠在千層派上，在表面擺上大的巧克力薄脆片方塊，用少許甘那許和一些小的巧克力薄脆片方塊裝飾。

MONT-BLANC AU CHOCOLAT
巧克力蒙布朗

8人份

準備時間
2小時

浸泡時間
1個晚上

加熱時間
1小時30分鐘

冷藏時間
5小時30分鐘

保存時間
48小時

器材
漏斗型濾器
打蛋器
手持式電動攪拌棒
擠花袋+直徑10公釐圓口花嘴和蒙布朗花嘴
電動攪拌機
擀麵棍
溫度計

材料

巧克力蛋白餅
Meringue chocolat
蛋白100克
糖100克
糖粉60克
可可粉40克

打發小豆蔻甘那許
Ganache cardamome montée
小豆蔻籽(graines de cardamome)10顆
香草莢2根
脂肪含量35%的液態鮮奶油720克
吉利丁片12克
可可含量35%的白巧克力360克

糖漬柳橙檸檬
Confit orange-citron
柳橙300克
檸檬200克
奶油30克
粗紅糖60克
糖150克
百花蜜50克
玉米澱粉12克
水120克

打發栗子奶油醬
Crème de marrons montée
牛乳60克
蛋黃45克
卡士達粉5克
糖漬栗子泥(crème de marron)230克
奶油155克
蘭姆酒10克

裝飾
糖栗塊50克
金箔

巧克力蛋白餅

製作巧克力蛋白霜(見214頁的配方)。用裝有直徑10公釐圓口花嘴的擠花袋,在烤盤紙上擠出8×20公分的長方形,入烤箱以80℃(溫控器2/3)烤1小時。

打發小豆蔻甘那許

前1天,將切碎的小豆蔻籽、剖半香草莢中刮下的香草籽,浸泡在冷的鮮奶油中(至少12小時),以漏斗型網篩過濾鮮奶油後加熱至50℃,加入預先用水泡開並擰乾的吉利丁。將白巧克力隔水加熱至35℃融化,將熱鮮奶油倒入融化的白巧克力中,一邊攪拌,形成平滑的甘那許。冷藏放涼至少4小時,用打蛋器或電動攪拌機將甘納許打發至形成泡沫狀質地。

糖漬柳橙檸檬

清洗檸檬和柳橙。連皮整顆放入裝水(材料表外)的平底深鍋中煮30分鐘,瀝乾,切成小塊,用奶油和粗紅糖煮至焦糖化。加入糖、蜂蜜,用水(材料表外)淹過,將湯汁濃縮至水分蒸發。混合玉米澱粉和水,接著加入煮至變得濃稠。放涼後以手持電動攪拌棒攪打成泥。

打發栗子奶油醬

在平底深鍋中加熱牛乳。在碗中攪打蛋黃和卡士達粉。在牛乳煮沸時,將部分牛乳倒入碗中,以稀釋蛋黃糊,一邊攪拌,接著再全部倒回平底深鍋,用力攪拌,續煮1分鐘。離火後,混入糖漬栗子泥和蘭姆酒。冷藏放涼,在栗子奶油醬降溫達20℃時,加入膏狀奶油。用打蛋器混合。

組裝

將打發甘那許填入裝有圓口花嘴的擠花袋中,擠在蛋白餅上,接著加入糖漬柑橘水果泥,冷藏凝固1小時。將打發栗子奶油醬填入裝有蒙布朗花嘴(douille à mont-blanc)的擠花袋中,擠滿表面。冷藏凝固30分鐘,以一些糖栗塊和少許金箔裝飾。

ENTREMETS CHERRY CHOCOLAT
櫻桃巧克力蛋糕

4份

準備時間
3小時

冷凍時間
2小時

加熱時間
30分鐘

浸漬時間
1小時

冷藏時間
1個晚上

凝固時間
2小時

保存時間
冷藏可達48小時

器材
54×9公分且高4.5公分的方框模
36×26公分的方框模
漏斗型濾器
直徑8公分的圓形壓模
直徑10公分的半球形模8個
電動攪拌機
擀麵棍
曲型抹刀
網篩
溫度計

材料

巧克力殼 Coques en chocolat
完成調溫的覆蓋黑巧克力（chocolat de couverture）（見28至32頁技術）300克

巧克力布列塔尼酥餅 Sablé breton chocolat
膏狀奶油330克
糖256克
蛋黃150克
給宏德鹽9克
T45麵粉360克
泡打粉20克
可可粉30克
可可含量64%的瓜瓦基爾（Guayaquil）黑巧克力70克
粗紅糖10克

榛果酥 Croustillant noisette
可可含量66%的帕林內榛果黑巧克力150克
可可含量64%的苦甜黑巧克力100克
榛果醬120克
酥脆薄片（法式薄脆餅crêpe dentelle）255克

巧克力蛋糕體 Biscuit chocolat
可可含量64%的苦甜黑巧克力50克
膏狀奶油100克
糖粉70克
蛋黃200克
蛋白160克
糖60克
麵粉30克
可可粉10克

黑巧克力慕斯 Mousse au chocolat noir
可可含量64%的苦甜黑巧克力600克

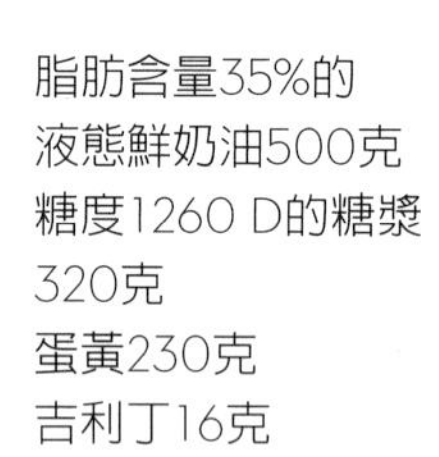

脂肪含量35%的液態鮮奶油500克
糖度1260 D的糖漿320克
蛋黃230克
吉利丁16克
水80克

莫雷洛櫻桃果醬 Confiture de cerises morello
去核莫雷洛櫻桃800克
櫻桃酒120克
酸櫻桃果泥240克
覆盆子果泥120克
三仙膠（xanthane）4克
糖292克
NH 果膠20克

紅色鏡面 Glaçage rouge
吉利丁粉5克
水30＋30克
糖60克
葡萄糖60克
甜煉乳40克
白巧克力60克
天然紅色食用色粉0.5克
天然食用色素或色粉0.2克

裝飾
異麥芽酮糖醇（巴糖醇，isomalt）200克
水20克
天然綠色食用色粉適量

巧克力殼

製作8個直徑10公分的巧克力殼（見88頁的技術）。靜置凝固1小時。

巧克力布列塔尼酥餅

在碗中混合奶油和糖。攪打蛋黃和鹽，接著逐量加入先前的奶油中，一邊攪拌。混入一起過篩的麵粉、泡打粉和可可粉，稍微攪拌，接著擺在工作檯上，混合至形成麵團。加入50°C的融化巧克力，拌勻，揉成球狀，用保鮮膜將麵團包起，冷藏保存一整個晚上。桌面撒上粗紅糖，在粗紅糖上將麵團擀至4公釐的厚度。將麵皮擺在矽膠烤墊上，入烤箱以170°C（溫控器5/6）烤20至25分鐘。

榛果酥

將2種巧克力隔水加熱至融化，將融化巧克力倒入榛果醬中，全部拌勻後混入酥脆薄片。倒在擺在矽膠烤墊上，54×9公分方框模中，用曲型抹刀鋪平，靜置凝固2小時。

巧克力蛋糕體

將巧克力隔水加熱至45°C融化。在裝有攪拌槳電動攪拌機的攪拌缸中，混合膏狀奶油、糖粉和融化的巧克力，攪拌至形成平滑質地，逐量混入蛋黃。在沙拉碗中將蛋白打發，接著加入糖，形成蛋白霜。在整體攪打至結實的蛋白霜後，將一半的蛋白霜混入巧克力蛋黃糊中，加入預先一起過篩的麵粉和可可粉，接著是剩餘的蛋白霜。倒入36×26公分的方框模，方框模預先擺在鋪有烤盤紙的烤盤上，入烤箱以160°C烤20至25分鐘。

巧克力慕斯

將巧克力隔水加熱至50°C融化。將鮮奶油打發成泡沫狀。將糖漿煮沸1分鐘，接著倒入打散的蛋黃中，一邊攪拌至形成炸彈麵糊（pâte à bombe），持續攪拌至整體降溫至30°C。將一半的打發鮮奶油混入巧克力中，加入炸彈麵糊，接著是泡開融化的吉利丁，輕輕拌勻並加入剩餘的打發鮮奶油。攪拌至形成均勻的慕斯。

莫雷洛櫻桃果醬

用櫻桃酒浸漬櫻桃1小時。混合果泥和三仙膠攪拌，將果泥倒入平底深鍋，加熱至40°C，加入混合好的糖和果膠，煮至104°C。混入預先瀝乾的櫻桃，預留備用。

紅色鏡面

用30克的水將吉利丁泡開20分鐘。將剩餘的水、糖和葡萄糖煮至103°C，形成糖漿。加入煉乳，接著是吉利丁，倒入白巧克力中，混入食用色素，用手持電動攪拌棒攪打並以漏斗型網篩過濾。

裝飾

將異麥芽酮糖醇和水煮至180°C，接著加入食用色素，放涼至40°C，攪拌至形成光澤。

組裝

用壓模將蛋糕體、榛果酥和酥餅裁成圓餅狀。為半球形模鋪上巧克力慕斯，接著擺上1片蛋糕體圓餅、薄薄一層果醬、榛果酥，再填入一層幾乎鋪滿模型的慕斯，最後是酥餅，冷凍2小時。脫模，用剩餘的融化覆蓋巧克力將半球兩兩相黏，形成完整的球形。插在竹籤上，接著浸入紅色鏡面中，擺上櫻桃梗形狀的裝飾，靜置凝固。

ENTREMETS CHOCOLAT CARAMEL BERGAMOTE 佛手柑焦糖巧克力蛋糕

1塊

準備時間
1小時30分鐘

冷藏時間
2小時

冷凍時間
4小時

保存時間
冷藏可達48小時

器材
電動攪拌機
直徑14和16公分且高4.5公分的圓形塔圈
刮板
打蛋器
抹刀
擠花袋＋星形花嘴
噴霧罐（Pulvérisateur）
玻璃紙（Feuille de Rhodoïd）
溫度計

材料

杏仁蛋糕體
Biscuit amande
可可含量66%的黑巧克力25克
奶油25克
糖粉30克
澱粉2.5克
蛋白33＋35克
糖8克
50%杏仁膏45克
脂肪含量35%的液態鮮奶油18克

巧克力焦糖
Caramel chocolat
糖50克
葡萄糖40克
脂肪含量35%的液態鮮奶油80克
鹽之花0.5克
香草莢1/2根
奶油50克
可可含量40%的牛奶巧克力30克

巧克力慕斯
Mousse au chocolat
糖60克
水25克
蛋150克
脂肪含量35%的液態鮮奶油275克
可可含量64%的覆蓋黑巧克力（chocolat de couverture）230克
可可含量40%的覆蓋牛奶巧克力50克
奶油55克

糖漬佛手柑
Confit bergamote
砂糖75克
NH 果膠8克
佛手柑泥90克

黑色噴霧
Spray noir
可可含量66%的巧克力100克
可可脂100克
純可可膏50克

杏仁蛋糕體
將黑巧克力和奶油隔水加熱至約50°C融化。混合預先一起過篩的粉類和33克的蛋白。用打蛋器將35克剩餘的蛋白和糖打發至結實的蛋白霜。用刮刀將杏仁膏拌軟，加入加熱至50°C的液態鮮奶油，倒入蛋白和過篩的粉中，拌勻。輕輕混入打發的蛋白霜，接著加入融化的巧克力。將直徑14公分的塔圈擺在鋪有矽膠烤墊的烤盤上，倒入麵糊至模型的1/3滿，入烤箱以160°C（溫控器5/6）烤約15分鐘。出爐後，移至網架上，脫模。

巧克力焦糖
在平底深鍋中將糖和葡萄糖煮至175°C，形成深色焦糖。在另一個平底深鍋中將鮮奶油、鹽之花和剖半香草莢刮下的香草籽煮沸。小心倒入焦糖中稀釋，一邊以刮刀攪拌。離火後，在焦糖降溫至50°C時，逐量混入奶油以形成均勻質地，不斷攪拌。接著加入切成碎塊的巧克力，務必攪拌至整體均勻。冷藏放涼2小時。

黑巧克力慕斯
在平底深鍋中將糖和水煮至125°C。將熱糖漿倒入以電動攪拌機攪打的蛋液中，持續打至完全冷卻。用電動攪拌機將液態鮮奶油打發成泡沫狀。將2種巧克力和奶油隔水加熱至約50°C 融化，將泡沫狀鮮奶油加入融化的巧克力中，接著加入蛋糊中，攪拌至形成均勻慕斯。

糖漬佛手柑
混合果膠和糖。在平底深鍋中，將佛手柑果泥加熱至40°C，撒上預先混合好的糖和果膠，接著煮沸1分鐘。將糖漬水果倒入直徑14公分的塔圈至約1公分的厚度，冷凍1小時。

黑色噴霧
將所有材料一起隔水加熱至融化，拌勻。在50°C時填入噴霧罐。

組裝
在直徑16公分的塔圈中，貼著塔圈內壁放入1條玻璃紙。鋪入巧克力慕斯至約0.5公分的高度。擺入蛋糕體，接著是冷凍的糖漬佛手柑，鋪上焦糖，最後用巧克力慕斯鋪滿塔圈。將表面抹平，靜置凝固2小時。脫模後，用噴霧罐為蛋糕噴上霧面，將剩餘的巧克力慕斯填入裝有星形花嘴的擠花袋，視個人喜好進行裝飾。再度冷凍1小時後再享用。

BABA CHOCOLAT
巧克力巴巴 **278**

CHOCOLAT BLANC, NOIX DE COCO ET PASSION
百香椰子白巧克力 **280**

CACAO MÛRE SÉSAME
芝麻黑莓可可 **282**

MILLE-FEUILLE TUBE CHOCOLAT PÉCAN
胡桃巧克力管千層酥 **284**

LES DESSERTS À L'ASSIETTE
盤式甜點

BABA CHOCOLAT
巧克力巴巴

10個

準備時間
3小時

冷藏時間
30分鐘

發酵時間
1小時30分鐘

脫水時間
1個晚上

加熱時間
45分鐘

保存時間
立即享用

器材
漏斗型濾器
烘乾機
(Déshydrateur)
手持式電動攪拌棒
直徑7公分的巴巴模
小濾網
擠花袋
Microplane 刨刀
食物處理機
電動攪拌機
矽膠烤墊
溫度計

材料

巴巴麵糊
Pâte à baba
牛乳72克
新鮮酵母10.7克
T45麵粉185克
可可粉47克
鹽3.1克
糖16克
蛋103克
奶油72克

零陵香豆香草浸泡糖漿
Sirop d'imbibage vanille tonka
水500克
糖500克
香草莢2根
零陵香豆7克

巧克力香醍鮮奶油
Chantilly au chocolat
脂肪含量35%的
液態鮮奶油350克
糖粉60克
香草莢2根
可可含量40%的
牛奶巧克力500克

零陵香豆焦糖
Caramel tonka
脂肪含量35%的
液態鮮奶油40克
香草莢1根
零陵香豆10克
糖60克

金桔醬
Marmelade kumquat
金桔90克
糖10克
香草莢1根

金桔粉與金桔片
Poudre et chips de kumquat
水50克
糖65克
金桔10顆

巧克力瓦片
Tuile au chocolat
水20克
糖50克
葡萄糖16克
可可含量66%的
黑巧克力18克

巴巴麵糊

在平底深鍋中將牛乳加熱至25°C。在裝有攪拌槳電動攪拌機的攪拌缸中，放入所有乾料和蛋，一邊逐量加入牛乳，開始揉麵，揉至麵糊不再沾黏攪拌缸內壁。加入塊狀的冷奶油，繼續揉麵至麵糊不再沾黏且奶油完全融入。加蓋，讓麵糊在溫暖處（25-30°C）發酵，體積膨脹至2倍。用掌心按壓排氣後填入擠花袋，冷藏靜置30分鐘。接著擠在模型裡（每個55克），讓麵糊發酵至與模型同高度，約1小時至1小時30分鐘。入烤箱以170°C（溫控器5/6）烤約22分鐘，中途將烤盤取出，將巴巴轉向，再烤3分鐘，以均勻烘烤。脫模至網架上，在乾燥處靜置乾燥。

零陵香豆香草浸泡糖漿

在平底深鍋中將水、糖和香草煮沸，加入刨碎的零陵香豆，加蓋浸泡10分鐘。用漏斗型濾器過濾，預留備用。在糖漿達55°C時，將巴巴浸入糖漿中。保存剩餘的糖漿作為擺盤用。

巧克力香醍鮮奶油

在平底深鍋中加熱鮮奶油和糖粉，熄火後加入從剖半的香草莢中刮下的香草籽，浸泡20幾分鐘。將鮮奶油煮沸，倒入預先用刀切成碎塊的巧克力中，用手持電動攪拌棒攪打，用漏斗型濾器過濾。冷藏保存。

零陵香豆焦糖

在平底深鍋中，加熱鮮奶油、從剖半的香草莢中刮下的香草籽，以及刨碎的零陵香豆，熄火後浸泡20分鐘，以漏斗型網篩過濾。在平底深鍋將糖加熱至融化，直到形成深褐色，並逐量加入熱鮮奶油，一邊以刮刀攪拌。冷藏保存。

金桔醬

切去金桔的兩端。在平底深鍋中，用糖和從剖半香草莢中刮下的香草籽糖漬水果，加蓋並不時以刮刀攪拌。離火後，放涼，接著去籽，用刀切成細碎。冷藏保存。

金桔粉與金桔片

在平底深鍋中將水和糖煮沸。將一半的金桔取下皮並去除白膜部分，將其餘的金桔橫切成圓形薄片，一起浸入糖漿中。將浸泡過糖漿的金桔皮和金桔片用烤箱以60-70°C烤1小時30分鐘，或用烘乾機以55°C烘一整晚，將薄片預留備用。乾燥後的金桔皮用食物處理機打成極碎的粉末，保密在密封罐中。

巧克力瓦片

在平底深鍋中，將水、糖和葡萄糖煮至130°C，加入切碎的黑巧克力，用刮刀攪拌，讓巧克力融化。倒在矽膠烤墊上，放涼，接著以食物處理機攪打。撒在預先擺在烤盤上的矽膠烤墊上，入烤箱以200°C（溫控器6/7）烤10分鐘。出爐後放涼，剝碎成小塊，保存在密閉的密封罐中。

擺盤與最後修飾

用小濾網在淺湯盤底部篩上金桔粉，在餐盤中央擺上以糖漿浸透的巴巴。將巧克力香醍鮮奶油打發，接著用擠花袋在巴巴上擠1個圓頂，擺上1小匙的零陵香豆焦糖，用擠花袋擠上第2個香醍鮮奶油圓頂，接著鋪上金桔醬。用擠花袋擠上第3個香醍鮮奶油圓頂，用一些巧克力瓦片和金桔片裝飾。在巴巴周圍淋上微溫的糖漿。

CHOCOLAT BLANC, NOIX DE COCO ET PASSION
百香椰子白巧克力

10人份

準備時間
1小時30分鐘

冷藏時間
2小時

冷凍時間
4小時

加熱時間
12分鐘

保存時間
立即享用

器材
電動攪拌機
邊長16公分且高4.5公分的正方框模
手持式電動攪拌棒
直徑2和3公分的球形模
溫度計

材料

椰子蛋糕體
Biscuit coco
椰糖（sucre de coco）75+50克
椰子粉75克
蛋黃40克
蛋60克
麵粉60克
蛋白140克

白巧克力甘那許
Ganache chocolat blanc
脂肪含量35%的液態鮮奶油125+125克
吉利丁粉1克
水6克
白巧克力65克

百香果慕斯
Mousse passion
百香果泥180克
吉利丁粉7克
水42克
白巧克力50克
脂肪含量35%的液態鮮奶油220克

椰子凍 Gelée d'eau de coco
椰子水200克
椰糖20克
洋菜2克

百香果凝
Gel de passion
百香果泥200克
椰糖20克
洋菜2克

椰子瓦片
Tuile de coco
水160克
麵粉15克
椰子油60克

最後修飾
百香果2顆
新鮮椰子1顆

椰子蛋糕體
在不鏽鋼盆中混合75克的椰糖和椰子粉，加入蛋黃和全蛋，接著用電動攪拌機攪打，用橡皮刮刀加入過篩的麵粉。用剩餘50克椰糖將蛋白攪打至結實的蛋白霜，混入麵糊中，再倒入下墊烤盤紙的正方框模內鋪平，入烤箱190℃（溫控器6/7）烤約12分鐘。為了擺盤裁出5塊直徑3公分的圓餅，和5塊直徑4公分的圓餅。

白巧克力甘那許
在平底深鍋中將125克的液態鮮奶油加熱至50℃，混入預先以水泡開的吉利丁，倒入切塊的白巧克力中，加入剩餘的液態鮮奶油，冷藏保存。

百香果慕斯
在平底深鍋中，將果泥加熱至50℃，混入預先泡水的吉利丁，倒入切成碎塊的巧克力中，冷藏至溫度降至16℃，期間經常留意狀態。用電動攪拌機將鮮奶油打發至起泡，用橡皮刮刀輕輕混入百香果巧克力中。將百香果慕斯倒入不同大小的球形模中，接著冷凍。

椰子凍
在平底深鍋中倒入椰子水，加入混有洋菜的椰糖，煮沸。倒入正方框模至1公分高，接著冷藏凝固2小時。之後將椰子凍切成小丁。

百香果凝
在平底深鍋中放入百香果泥，加入混有洋菜的椰糖，煮沸。倒入碗中，冷藏凝固2小時。在果泥凝固時，用手持電動攪拌棒攪打至形成凝膠狀質地，接著加熱至40℃。將冷凍的百香果慕斯球浸入熱凝膠中，形成鏡面。保留作為擺盤用。

椰子瓦片
混合水和麵粉，形成麵糊，接著加入油。將約100克的麵糊倒入極燙的平底煎鍋中，煎至上色，形成有洞的薄瓦片。煎2至3片薄瓦片，擺在吸水紙上。預留備用。

擺盤
在餐盤中和諧地擺上所有素材並進行搭配，在表面放上幾滴百香果肉和幾片新鮮的椰子果肉刨花。

CACAO MÛRE SÉSAME
芝麻黑莓可可

10人份

準備時間
1小時30分鐘

冷藏時間
2小時

冷凍時間
4小時

加熱時間
1小時50分鐘

保存時間
立即享用

器材
電動攪拌機
邊長16公分的正方框模
手持式電動攪拌棒
抹刀
網篩
溫度計

材料

可可蛋糕體
Biscuit cacao
50%生杏仁膏100克
糖20＋25克
蛋黃70克
蛋白60克
麵粉25克
可可粉30克
奶油25克
可可膏30克

巧克力蛋白餅
蛋白50克
糖50克
糖粉30克
可可粉20克

黑芝麻打發甘那許
Ganache montée au sésame noir
脂肪含量35%的液態鮮奶油250＋250克
黑芝麻30克
吉利丁粉2克
水10克
可可含量35%的覆蓋黑巧克力（chocolat de couverture）125克

松露巧克力慕斯
Mousse chocolat façon truffe
水15克
糖45克
蛋黃60克
蛋25克
脂肪含量35%的液態鮮奶油200克
可可含量66%的覆蓋黑巧克力150克

巧克力泡芙麵糊
Pâte à choux chocolat
牛乳63克
水63克
鹽1.5克
奶油50克
麵粉60克
可可粉15克
蛋125克

糖衣Enrobage
可可含量70%的覆蓋黑巧克力100克
黑色鏡面淋醬40克
葡萄籽油10克
可可脂20克

黑莓果凝
Gel de mûre
黑莓果泥200克
糖20克
洋菜3克
檸檬汁10克

最後修飾
可可粉100克
新鮮黑莓100克
紫蘇嫩葉1盒

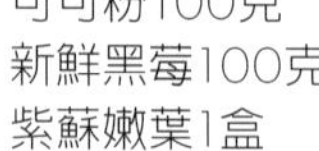

可可蛋糕體

將碗中的杏仁膏隔水加熱至50℃，用電動攪拌機將杏仁膏攪打至軟化，一邊逐量加入蛋黃，接著是20克的糖。將蛋白和25克的糖打發至結實的蛋白霜。將麵粉和可可粉一起過篩。將可可膏和奶油放入碗中，隔水加熱至融化。將杏仁膏蛋糊加入打發蛋白霜中，接著加入融化的巧克力與奶油，再混入過篩的粉類，輕輕攪拌至形成均勻麵糊。倒入邊長16公分的正方框模中，正方框模預先擺在鋪有烤盤紙的烤盤上。入烤箱以180℃（溫控器6）烤約15至20分鐘。

巧克力蛋白餅

將蛋白打發，並用糖攪拌至結構緊實的蛋白霜。將糖粉和可可粉一起過篩，接著輕輕加入蛋白霜中。在烤盤紙上用抹刀鋪上薄層蛋白霜，入烤箱以90℃（溫控器3）烤1小時30分鐘。取出保存於乾燥處。

黑芝麻打發甘那許

在平底深鍋中加熱250克的液態鮮奶油和黑芝麻，浸泡5分鐘，並以手持電動攪拌棒攪打，以漏斗型網篩過濾後加入剩餘的液態鮮奶油，形成250克的重量。加熱至50℃，混入預先以水泡開的吉利丁，再倒入切成碎塊的巧克力中，用手持電動攪拌棒攪打至形成平滑的甘那許。將剩餘的鮮奶油倒入甘那許中，用橡皮刮刀拌勻，冷藏放涼一個晚上。隔天，用打蛋器將甘那許打發至如同香醍鮮奶油的狀態。

松露巧克力慕斯

在平底深鍋中將水和糖煮至117℃。將蛋黃和全蛋打發，接著以細線狀倒入熱糖漿，一邊攪拌至形炸彈麵糊（pâte à bombe），放涼至35℃。用打蛋器將液態鮮奶油打發成泡沫狀。在平底深鍋中，將巧克力加熱至45℃融化，將泡沫狀打發鮮奶油倒入融化的巧克力中，用打蛋器拌勻。用橡皮刮刀輕輕混入炸彈麵糊，以免慕斯塌下。倒入喜好形狀的模型中（照片中是方塊狀模型），冷凍。

巧克力泡芙麵糊

製作泡芙麵糊（見212頁的配方）。將麵糊填入擠花袋，在鋪有烤盤紙的烤盤上，擠出約15個直徑3公分的小泡芙，入烤箱以170℃（溫控器5/6）烤30至40分鐘。

糖衣

在平底深鍋中，將黑巧克力和鏡面淋醬隔水加熱至35℃融化，混入油。在另一個平底深鍋中將可可脂加熱至40℃融化，接著加入先前的混料中拌勻。

黑莓果凝

在平底深鍋中放入黑莓果泥，加入混有洋菜的糖，煮沸。加入檸檬汁，倒入碗中，冷藏凝固2小時。在果凝凝固時，用手持電動攪拌棒攪打至形成凝膠質地。

擺盤

將冷凍的塑形巧克力慕斯浸入糖衣中，接著裹上可可粉。用尖頭花嘴為每個泡芙戳出1個洞，將芝麻打發甘那許填入擠花袋，擠入泡芙中。將蛋糕體切成約8×2公分（依餐盤的大小而定）的條狀。先在餐盤底部擺上1條蛋糕體，接著依個人喜好擺上所有素材。

MILLE-FEUILLE TUBE CHOCOLAT PÉCAN
胡桃巧克力管千層酥

10人份

準備時間
1小時30分鐘

冷藏時間
1小時

加熱時間
30分鐘

熟成時間
至少4小時

保存時間
立即享用

器材
8×10公分的
長方形模板
直徑4公分金屬圓柱
手持式電動攪拌棒
擠花袋＋聖多諾黑
花嘴
網篩
溫度計

材料

可可千層派皮 Pâte feuilletée cacao

基本揉和麵團 Détrempe
麵粉350克
鹽8克
融化奶油110克
水150克
白醋1小匙

可可油糊 Beurre manié au cacao
奶油390克
麵粉150克
無糖可可粉95克

巧克力乳霜
Crémeux chocolat
脂肪含量35%的
液態鮮奶油280克
半脫脂牛乳280克
蛋黃110克
糖35克
可可膏15克
可可含量64%的
黑巧克力270克

胡桃香草帕林內
Praliné pécan vanille
砂糖260克
含鹽奶油87克
香草莢1根
烘焙胡桃65克

巧克力冰淇淋
Glace chocolat
脂肪含量0%的
奶粉32克
蔗糖150克
穩定劑
(stabilisateur)5克
脂肪含量3.6%的
全脂牛乳518克
脂肪含量35%的
液態鮮奶油200克
轉化糖45克
蛋黃40克
可可膏40克
可可含量66%的
加勒比（Caraïbes）
覆蓋巧克力75克

馬斯卡彭乳酪香草奶油醬 Crème vanille mascarpone
脂肪含量35%的液態鮮奶油120+290克
香草莢1根
蛋黃30克
糖25克
吉利丁粉4克
水30克
馬斯卡彭乳酪60克

巧克力醬
Sauce au chocolat
全脂牛乳150克
脂肪含量35%的液態鮮奶油130克
葡萄糖漿70克
可可含量70%的覆蓋黑巧克力(chocolat de couverture)200克
鹽1克

最後修飾
可可含量64%的黑巧克力50克，用來製作自行選擇的裝飾(見110頁的裝飾)

可可千層派皮
製作5次單折的千層派皮(見68頁技術)，切成10張8×10公分的長方形派皮，接著以預先包上烤盤紙，直徑4公分的金屬圓柱捲起，務必要讓派皮的接合處密合。將千層派皮捲插入直徑5公分的圓柱中，以便在烘烤時形成管狀。入烤箱以180°C (溫控器6) 烤約30分鐘。

巧克力乳霜
加熱鮮奶油和牛乳，製作英式奶油醬。將蛋黃和糖攪拌至泛白，在牛乳煮沸時，將部分倒入蛋糊中，之後再全部倒回平底深鍋，一邊以刮刀攪拌，一邊繼續煮至濃稠成層(à la nappe)，直到溫度達83-85°C。接著分3次倒入可可膏和黑巧克力中，用手持電動攪拌棒攪打至形成香醍鮮奶油的質地。填入擠花袋，冷藏保存作為擺盤用。

胡桃香草帕林內
在平底深鍋將糖乾煮至173°C，形成焦糖。加入含鹽奶油，接著加入從剖半的香草莢中刮下的香草籽，加入胡桃，拌勻後放涼。用食物處理機打碎，製成帕林內(praliné)。

巧克力冰淇淋
混合奶粉、蔗糖和穩定劑。在平底深鍋中加熱牛奶、鮮奶油和轉化糖，在35°C時加入混合好的蔗糖、穩定劑和奶粉。在40°C時加入蛋黃，煮至85°C時，持續煮約1分鐘。混入預先隔水加熱至融化的可可膏和覆蓋巧克力，用電動攪拌棒攪打後過濾。移至容器中，冷藏以便快速冷卻。冷藏熟成至少4至12小時，再度用電動攪拌棒攪拌，放入冰淇淋機中。請依製造商說明進行操作製成冰淇淋，移至製冰盒，將表面抹平，冷凍儲存。

馬斯卡彭乳酪香草奶油醬
用120克的液態鮮奶油、香草籽、蛋黃和糖製作英式奶油醬，接著加入預先用水泡開的吉利丁，冷藏放涼。將剩餘290克的液態鮮奶油和馬斯卡彭乳酪攪打至形成柔軟的質地，在英式奶油醬降溫至20°C時，輕輕混入馬斯卡彭乳酪鮮奶油。

巧克力醬
製作巧克力醬(見54頁的技術)。

擺盤
將巧克力乳霜填入千層派皮管中至半高，擠入胡桃帕林內至剩約1/4的高度，最後再填入巧克力乳霜，將兩端抹平。在餐盤上倒入少許巧克力醬，垂直擺上千層派管，並在頂端擠上馬斯卡彭乳酪香草奶油醬。在表面以細條巧克力裝飾，一旁擺上1球巧克力冰淇淋。立即享用。

CRÈME GLACÉE AU CHOCOLAT
巧克力冰淇淋 **288**

STRACCIATELLA
巧克力脆片冰淇淋 **290**

ESQUIMAUX
愛斯基摩雪糕 **292**

CÔNE AU CHOCOLAT
巧克力甜筒 **294**

VACHERIN CHOCOLAT ET AMANDE
杏仁巧克力冰淇淋蛋糕 **296**

LES DESSERTS GLACÉS

冰品甜點

CRÈME GLACÉE AU CHOCOLAT
巧克力冰淇淋

6至8人份

準備時間
40分鐘

熟成時間
4至12小時

保存時間
2小時

器材
製冰盒
（Bac à glace）
漏斗型濾器
手持式電動攪拌棒
溫度計
冰淇淋機
（Turbine à glace）

材料
脂肪含量0%的
奶粉32克
蔗糖150克
穩定劑5克
脂肪含量3.6%的
全脂牛乳518克
脂肪含量35%的
液態鮮奶油200克
轉化糖45克
蛋黃40克
可可膏40克
可可含量66%的
加勒比（Caraïbes）
覆蓋巧克力75克

混合奶粉、蔗糖和穩定劑。在平底深鍋中加熱牛奶、鮮奶油和轉化糖。

在35°C時加入混合好的蔗糖、穩定劑和奶粉。在40°C時加入蛋黃，煮至85°C時，續煮約1分鐘。混入預先隔水加熱至融化的可可膏和覆蓋巧克力，用手持電動攪拌棒攪打後過濾。

移至容器中，冷藏以便快速冷卻。冷藏熟成至少4至12小時。

再度用手持電動攪拌棒攪拌，放入冰淇淋機中。請依製造商說明進行操作製成冰淇淋。

移至製冰盒，將表面抹平，冷凍至-35°C，之後再儲存至-20°C。

STRACCIATELLA
巧克力脆片冰淇淋

1公升

準備時間
40分鐘

加熱時間
40分鐘

熟成時間
4小時

保存時間
2周

器材
製冰盒
手持式電動攪拌棒
溫度計
冰淇淋機

材料
無糖煉乳50克
全脂牛乳570克
脂肪含量35%的液態鮮奶油150克
奶油15克
脂肪含量0%的奶粉20克
糖150克
葡萄糖粉（glucose atomisé）25克
右旋糖（dextrose）25克
穩定劑4克
巧克力刨花200克

將未開封的罐裝無糖煉乳，隔水加熱煮30分鐘。

混合奶粉、糖、葡萄糖、右旋糖和穩定劑。在平底深鍋中加熱牛乳、鮮奶油、奶油和煮過的煉乳，達45°C時，混入上述粉料。全部煮至85°C，一邊持續攪拌。

移至密閉容器中，冷藏熟成至少4小時。

過濾後用手持電動攪拌棒攪打，填入冰淇淋機中，請依製造商說明進行操作製成冰淇淋。

從冰淇淋機中取出後，加入巧克力刨片，並用橡皮刮刀輕輕混合。冷藏保存後再品嚐。

TRUCS ET ASTUCES DE CHEFS
必學主廚技巧

直接連罐子加熱煉乳的步驟，有助牛乳因乳糖的關係而焦糖化。

ESQUIMAUX
愛斯基摩雪糕

10 根雪糕

準備時間
3小時

熟成時間
4至12小時

冷凍時間
3小時

保存時間
2周

器材
製冰盒
冰棒木棍
漏斗型濾器
手持式電動攪拌棒
雪糕模
冰淇淋機

材料

巧克力冰淇淋
Crème glacée au chocolat
脂肪含量0%的
奶粉32克
蔗糖150克
穩定劑5克
脂肪含量3.6%的
全脂牛乳518克
脂肪含量35%的
液態鮮奶油200克
轉化糖45克
蛋黃40克
可可膏40克
可可含量66%的
加勒比覆蓋巧克力
75克

或

巧克力雪酪
Sorbet au chocolat
可可含量70%的
黑巧克力325克
水1公升
脂肪含量0%的
奶粉20克
糖250克
蜂蜜50克

黑巧克力鏡面
Glaçage chocolat noir
可可含量64%的
覆蓋黑巧克力
(chocolat de couverture)250克
葡萄籽油62克
杏仁碎或杏仁條
40克

牛奶巧克力鏡面
Glaçage chocolat au lait
可可含量40%的
覆蓋牛奶巧克力
250克
葡萄籽油62克
杏仁碎或杏仁條
40克

TRUCS ET ASTUCES DE CHEFS
必學主廚技巧

將模型先冷凍保存後再使用，
以免冰淇淋在塑形時太快融化。

巧克力冰淇淋

製作巧克力冰淇淋(見288頁的技術)。

巧克力雪酪

將巧克力切碎，以小火隔水加熱至融化。在平底深鍋中，將水、奶粉、糖和蜂蜜煮沸2分鐘。緩慢將1/3的糖漿倒入融化的巧克力中，接著用橡皮刮刀以畫小圈的方式用力攪拌，以形成彈性有光澤的「基底noyau」。這時再混入1/3糖漿，以同樣方式攪拌，接著以同樣方式混入最後的1/3糖漿。用手持電動攪拌棒攪打幾秒鐘，攪拌至平滑並完全乳化。再將巧克力糊倒回鍋中，加熱至85°C，不停攪拌。移至密閉容器中，冷藏以便快速冷卻。冷藏熟成至少12小時。再度用手持電動攪拌棒攪拌，放入冰淇淋機中。請依製造商說明進行操作製成雪酪，移至製冰盒，將表面抹平，冷凍至-35°C，之後再以-20°C儲存20分鐘。

塑形

將冰淇淋和/或雪酪倒入愛斯基摩雪糕模中，插入木棍，接著再度冷凍至少3小時。

鏡面

在不同的平底深鍋中，個別將不同的巧克力鏡面材料隔水加熱至40°C融化，可視個人喜好加入葡萄籽油和切碎的杏仁。

組裝

脫模後，將愛斯基摩雪糕浸入你選擇的鏡面中，擺在烤盤紙上，再度冷凍至少20分鐘後再品嚐。

CÔNE AU CHOCOLAT
巧克力甜筒

10 根

準備時間
3小時

熟成時間
4至12小時

保存時間
2周

器材
製冰盒
冰棒木棍
漏斗型濾器
冰淇淋挖勺
手持式電動攪拌棒
雪糕模
電動攪拌機
矽膠烤墊
溫度計
冰淇淋機

巧克力冰淇淋
Crème glacée au chocolat
脂肪含量0%的
奶粉32克
蔗糖150克
穩定劑5克
脂肪含量3.6%的
全脂牛乳518克
脂肪含量35%的
液態鮮奶油200克
轉化糖45克
蛋黃40克
可可膏40克
可可含量66%的
加勒比覆蓋巧克力
75克
巧克力利口酒
(liqueur de chocolat)
50克(非必要)

巧克力甜筒麵團
Pâte à cônes chocolat
蛋白250克
糖粉400克
麵粉100克
可可粉100克
奶油250克

巧克力冰淇淋
製作巧克力冰淇淋(見288頁的技術)。

巧克力甜筒
在裝有攪拌槳電動攪拌機的攪拌缸中，混合1/3的糖粉和蛋白，接著加入剩餘糖粉打發成蛋白霜。將麵粉和可可粉一起過篩，混入打發蛋白霜中，加入預先加熱至40°C融化的奶油。將麵糊薄薄地鋪平在放有烤盤墊的烤盤上，入烤箱以170°C(溫控器5/6)烤8至10分鐘。

組裝
在甜筒餅皮出爐時，趁溫熱切成邊長20公分的正方形，接著斜切成2半，形成三角形，用甜筒餅皮製作成筒狀，放涼。用冰淇淋挖勺在每個甜筒中放入2球的冰淇淋，甜筒可依個人喜好在杯口以少許巧克力醬(見54頁的技術)蘸上適量烘烤過的芝麻(材料外)。

材料

VACHERIN CHOCOLAT ET AMANDE
杏仁巧克力冰淇淋蛋糕

8人份

準備時間
2小時

加熱時間
2小時

保存時間
最好立即享用，或以密封盒冷凍保存可達2周

器材
直徑14、16和18公分且高4.5公分的圓形塔圈
直徑12公分的壓模
巧克力造型專用紙
抹刀
擠花袋＋直徑12公釐的圓口花嘴＋聖多諾黑花嘴
電動攪拌機
矽膠烤墊
溫度計

材料

巧克力蛋白餅
糖180克
轉化糖20克
蛋白100克
可可粉40克

杏仁冰淇淋
Glace à l'amande
全脂牛乳600克
50%杏仁膏200克
脫脂奶粉24克
糖10克
穩定劑3.2克
轉化糖35克
脂肪含量35%的液態鮮奶油50克

乳香冰淇淋芭菲
Parfait glacé lacté
蛋白120克
糖95克
脂肪含量35%的鮮奶油380克
可可含量40%的牛奶巧克力400克

鏡面
水30＋30克
糖60克
葡萄糖60克
甜煉乳40克
吉利丁粉5克
可可含量64%的黑巧克力60克

黑巧克力甘那許
脂肪含量35%的液態鮮奶油200克
轉化糖20克
可可含量64%的黑巧克力150克

裝飾
水10克
糖20克
杏仁50克
黑巧克力200克
金粉5克

巧克力蛋白餅

在電動攪拌機的攪拌缸中放入糖、轉化糖和蛋白，將攪拌缸隔水加熱至40℃，一邊攪拌。再將攪拌缸放回裝有打蛋器的電動攪拌機，攪打至蛋白霜完全冷卻，形成瑞士蛋白霜（meringue suisse）。加入可可粉，用橡皮刮刀輕輕混合。用裝有直徑12公釐圓口花嘴的擠花袋，在鋪有矽膠烤墊的烤盤上，擠出2個直徑16公分的圓片狀巧克力蛋白霜，以及淚滴形狀的蛋白霜。入烤箱以80℃（溫控器2/3）烤約2小時。

杏仁冰淇淋

將牛乳分為2等份。在平底深鍋中將部分牛乳加熱至50℃，在裝有攪拌槳的電動攪拌機碗中，攪拌杏仁膏和加熱牛乳，讓杏仁膏軟化。將另一份牛乳倒入平底深鍋中，加熱至50℃，接著加入奶粉、糖、穩定劑、轉化糖和鮮奶油，拌勻後煮沸。加入軟化的杏仁膏，用手持電動攪拌棒攪打。以＋4℃冷藏熟成一個晚上，再度用電動攪拌機攪拌，放入冰淇淋機中。

乳香冰淇淋芭菲

在電動攪拌機的攪拌缸中放入糖和蛋白，隔水加熱至40℃，一邊以打蛋器攪拌，將攪拌缸裝回電動攪拌機，用打蛋器攪打至完全冷卻，形成瑞士蛋白霜。用打蛋器將液態鮮奶油打發成泡沫狀。將巧克力隔水加熱至45℃融化，接著混入1/3的打發鮮奶油，再輕輕混入蛋白霜和剩餘的打發鮮奶油，倒入直徑14公分的塔圈達約2公分的高度。冷凍。

鏡面

在平底深鍋中，將30克的水、糖和葡萄糖煮至103℃。加入煉乳，接著是預先以30克的水泡開的吉利丁。倒入切碎巧克力中，用手持電動攪拌棒攪打，接著以漏斗型網篩過濾。在28℃時使用此鏡面，而且最好在前一天製作，穩定度較佳。

甘那許

製作甘那許（見48頁的技術）。

裝飾

在碗中混合水、糖和杏仁，鋪在不沾烤盤上，入烤箱以130℃烤30分鐘，放涼。為黑巧克力調溫（見28至32頁的技術），倒在巧克力造型專用紙上，用抹刀鋪至約2至3公釐的厚度。用刮刀在表面輕拍，形成花紋，接著用壓模切出圓形，靜置凝固20分鐘。將淚滴形蛋白餅殼的表面浸入剩餘的覆蓋巧克力中，一半的蛋白餅殼都以同樣方式處理，靜置凝固20分鐘。

組裝

將直徑18公分的塔圈冷凍1小時，以免組裝時材料融化。在冷凍的塔圈中擺上1塊蛋白霜圓餅，鋪上杏仁冰淇淋至約2公分厚。將冰淇淋芭菲擺在中央，擺上第2塊蛋白霜圓餅，鋪上杏仁冰淇淋，冷凍保存至少2小時（最好是一整晚）。脫模，淋上鏡面，接著在周圍交錯黏上2種蛋白餅殼裝飾，並用裝有聖多諾黑花嘴的擠花袋，在每顆蛋白餅殼之間擠上甘那許。擺上巧克力圓餅，並用一些預先裹上金粉的杏仁裝飾。在冷凍後享用。

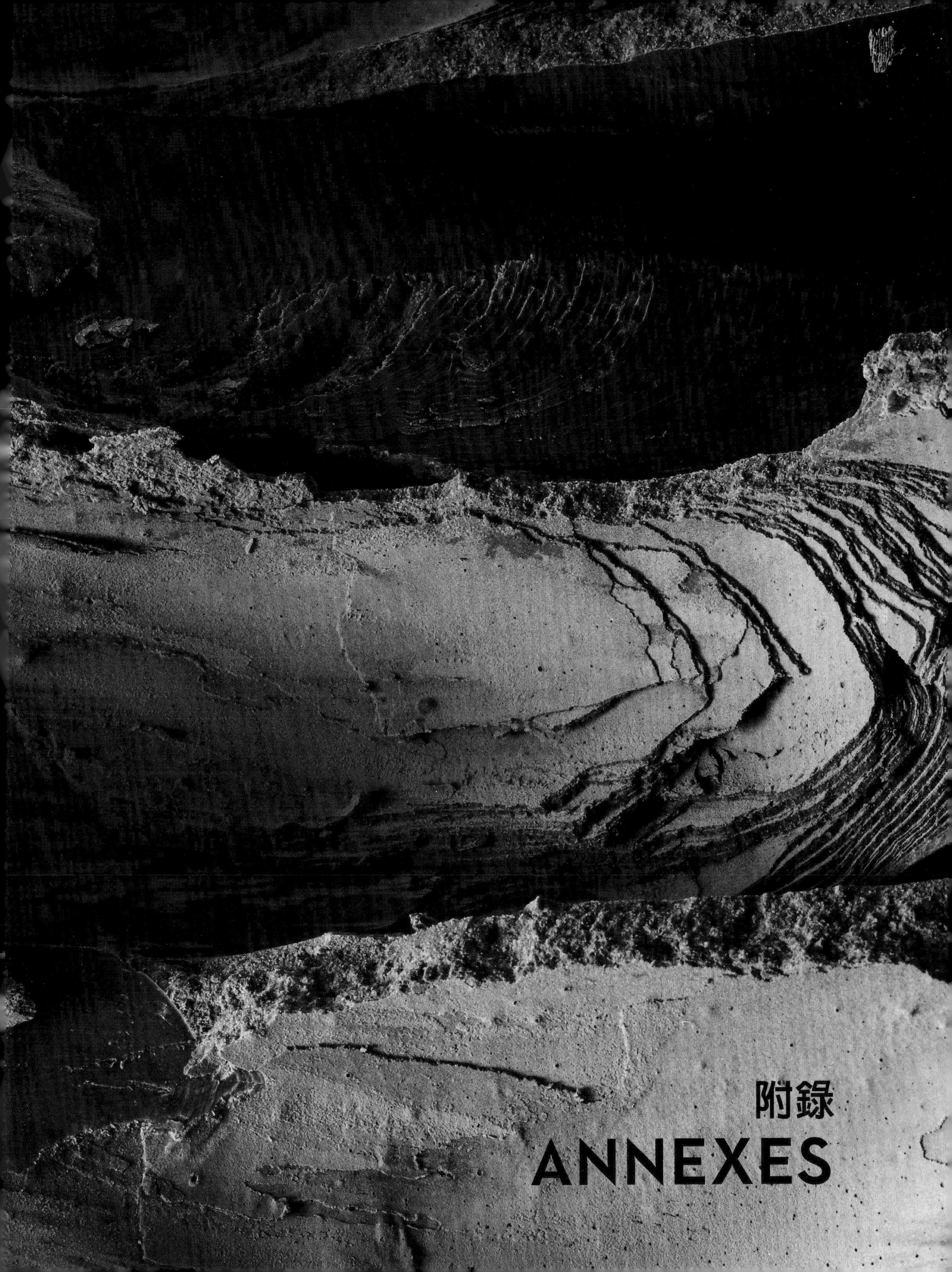

附錄
ANNEXES

Index des techniques 技術索引

A

Amandes et noisettes caramélisées au chocolat 焦糖杏仁榛果巧克力 **98**

B

***Bonbons 巧克力糖* 88-108**
Bonbons cadrés 方塊巧克力 **91**
Bonbons moulés 塑形巧克力 **88**
Brioche au chocolat 巧克力布里歐 **81**

C

Cigarettes en chocolat 巧克力香煙 **112**
Copeaux de chocolat 巧克力刨花 **114**
Cornet 圓錐形紙袋 **126**
Crème anglaise au chocolat 巧克力英式奶油醬 **50**
Crème pâtissière au chocolat 巧克力卡士達奶油醬 **52**
***Crèmes 奶油醬* 48-62**

D

Décors 裝飾 **112-126**
Dentelles de chocolat 巧克力蕾絲 **121**

E

Éventails en chocolat 扇形巧克力 **113**
Enrobage 糖衣 **94**

F

Feuille de transfert chocolat 巧克力轉印紙 **116**

G

Ganache chocolat au lait 牛奶巧克力甘那許 **48**
Ganache chocolat blanc 白巧克力甘那許 **48**
Ganache chocolat noir 黑巧克力甘那許 **48**
Ganache montée pralinée 帕林內打發甘那許 **48**
Ganaches au chocolat 巧克力甘那許 **48**
Gianduja 占度亞榛果巧克力 **108**

M

Mise au point du chocolat 巧克力調溫法 **28-32**
Mise au point du chocolat au bain-marie 隔水加熱調溫法 **28**
Mise au point du chocolat par ensemencement 播種調溫法 **32**
Mise au point du chocolat par tablage 大理石調溫法 **30**
Moulage demi-oeufs en chocolat 半蛋形巧克力塑模 **42**
Moulage friture 魚形巧克力塑形 **44**
Moulage tablettes au chocolat 巧克力磚塑形 **34**
Moulage tablettes fourrées 夾心巧克力磚塑模 **36**
Moulage tablettes mendiant 綜合堅果巧克力磚塑形 **40**

P

Pain au cacao 可可麵包 **78**
Pain au chocolat 巧克力麵包 **76**
Palets or 金塊巧克力 **104**
Pannacotta au chocolat 巧克力奶酪 **56**
Pastilles en chocolat 巧克力片 **122**
Pâte à croissant au chocolat 巧克力可頌麵團 **71**
Pâte à tartiner au chocolat 巧克力抹醬 **60**
Pâte à tartiner chocolat-passion 百香巧克力抹醬 **62**
Pâte feuilletée au chocolat 巧克力千層派皮 **68**
Pâte sablée au chocolat 巧克力甜酥塔皮 **66**
***Pâtes 派皮／塔皮／麵團* 66-84**
***Pâtes à tartiner 麵包抹醬* 60-62**
Plumes en chocolat 巧克力羽毛 **124**
Pralinés feuilletine 帕林內脆片 **106**

R

Riz au lait au chocolat 巧克力米布丁 **58**
Rochers 岩石巧克力 **102**
Ruban de masquage en chocolat 巧克力飾帶 **118**

S

Sauce au chocolat 巧克力醬 **54**
Streusel au chocolat 巧克力酥粒 **84**

T

***Travail du chocolat 巧克力的調溫與塑形* 28-32**
Trempage 調溫 **94**
Truffes 松露巧克力 **96**

Index des recettes 配方索引

B

Baba chocolat 巧克力巴巴 **278**
Barres cacahuètes 花生棒 **160**
Barres céréales 穀物棒 **158**
Barres fruits rouges 紅莓果棒 **162**
Barres passion 百香果棒 **164**
***Bonbons 巧克力糖* 132-154**
***Bonbons cadrés 方塊巧克力* 144-154**
Bonbons cadrés abricot passion 百香杏桃方塊巧克力 **146**
Bonbons cadrés basilic 羅勒方塊巧克力 **152**
Bonbons cadrés caramel salé 鹹焦方塊巧克力 **154**
Bonbons cadrés miel orange 蜜橙方塊巧克力 **148**
Bonbons cadrés pistache 開心果方塊巧克力 **150**
Bonbons cadrés praliné citron 檸檬帕林內方塊巧克力 **144**
Bonbons moulés 塑形巧克力 **132-142**
Bonbons moulés cappuccino 卡布奇諾塑形巧克力 **132**
Bonbons moulés exotique 異國風味塑形巧克力 **142**
Bonbons moulés jasmin 茉香塑形巧克力 **136**
Bonbons moulés macadamia mandarine 橘子夏威夷果巧克力 **138**
Bonbons moulés passion 百香塑形巧克力 **140**
Bonbons moulés thé vert 綠茶塑形巧克力 **134**
Brioche gianduja 占度亞榛果巧克力布里歐 **196**
Brownies 布朗尼 **182**
Bûche Mozart 莫扎特木柴蛋糕 **262**

C

Cacao mûre sésame 芝麻黑莓可可 **282**
Café citron chocolat au lait 牛奶巧克力檸檬咖啡蛋糕 **244**
Cake au chocolat 巧克力蛋糕 **194**
Cake marbré 大理石蛋糕 **186**
Canelés au chocolat 巧克力可麗露 **226**
Caramels au chocolat 巧克力焦糖 **234**
Carrément chocolat 方塊巧克力 **248**
Charlotte au chocolat 巧克力夏洛特蛋糕 **264**
Chocolat blanc, noix de coco et passion 百香椰子白巧克力 **280**
Chocolat chaud 熱巧克力 **168**
Chocolat chaud épicé 香料熱巧克力 **170**
Chocolat liégeois 列日巧克力 **172**
Choux choc 巧克泡芙 **250**
Cône au chocolat 巧克力甜筒 **294**
Cookies 餅乾 **192**
Crème glacée au chocolat 巧克力冰淇淋 **288**
Crêpes au chocolat 巧克力可麗餅 **232**

D

***Desserts à l'assiette 盤式甜點* 278-284**
Desserts à l'assiette baba chocolat 巧克力巴巴 **278**
Desserts à l'assiette cacao mûre sésame 芝麻黑莓可可 **282**
Desserts à l'assiette chocolat blanc, noix de coco et passion 百香椰子白巧克力 **280**
Desserts à l'assiette mille-feuille tube chocolat pécan 胡桃巧克力管千層酥 **284**
Desserts glacés 冰品甜點 **288-296**

E

Éclairs au chocolat 巧克力閃電泡芙 **210**
Entremets cherry chocolat 櫻桃巧克力蛋糕 **272**
Entremets chocolat caramel bergamote 佛手柑焦糖巧克力蛋糕 **274**
Esquimaux 愛斯基摩雪糕 **292**

F

Financiers au chocolat 巧克力費南雪 **188**
Finger chocoboise 巧克覆盆子手指蛋糕 **242**
Flan au chocolat 巧克力蛋塔 **222**
Florentins 焦糖杏仁酥 **216**
Forêt-noire 黑森林蛋糕 **254**

G

Galette au chocolat 巧克力國王餅 **260**
Guimauve au chocolat 巧克力棉花糖 **230**

I

Irish coffee chocolat 巧克力愛爾蘭咖啡 **176**

M

Macarons chocolat au lait 牛奶巧克力馬卡龍 **218**
Macarons chocolat noir 黑巧克力馬卡龍 **220**
Madeleines au chocolat 巧克力瑪德蓮蛋糕 **202**
Meringue au chocolat 巧克力蛋白餅 **214**
Merveilleux 絕妙蛋糕 **228**
Mikado 天皇巧克力 **206**
Milkshake au chocolat 巧克力奶昔 **174**
Mille-feuille au chocolat 巧克力千層酥 **268**
Mille-feuille tube chocolat pécan 胡桃巧克力管千層酥 **284**
Moelleux au chocolat 軟芯巧克力蛋糕 **184**
Mont-blanc au chocolat 巧克力蒙布朗 **270**
Mousses aux chocolats 巧克力慕斯 **180**

N

Nougat au chocolat 巧克力牛軋糖 **236**

O

Opéra 歐培拉 **256**

P

***Petits gâteaux 小巧的多層蛋糕* 244-240**
Petits gâteaux café citron chocolat au lait 牛奶巧克力檸檬咖啡小蛋糕 **244**
Petits gâteaux carrément chocolat 方塊巧克力小蛋糕 **248**
Petits gâteaux chou 巧克泡芙小糕點 **250**
Petits gâteaux finger chocoboise 巧克覆盆子手指小蛋糕 **242**
Petits gâteaux pineapple au chocolat blanc 白巧克力鳳梨小蛋糕 **246**
Petits gâteaux sphères 球形小糕點 **240**
Petits pots de crème au chocolat 巧克力布丁 **208**
Pineapple au chocolat blanc 白巧克力鳳梨蛋糕 **246**
Profiteroles 泡芙 **212**

R

Religieuse au chocolat 巧克力修女泡芙 **224**
Rochers chocolat aux fruits secs 堅果岩石巧克力 **204**
Royal chocolat 皇家巧克力蛋糕 **258**

S

Sablés au chocolat 巧克力酥餅 **190**
Saint-honoré au chocolat 巧克力聖多諾黑 **266**
Soufflé au chocolat 巧克力舒芙蕾 **200**
Sphères 巧克力球 **240**
Stracciatella 巧克力脆片冰淇淋 **290**

T

Tarte au chocolat 巧克力塔 **198**

V

Vacherin chocolat et amande 杏仁巧克力冰淇淋蛋糕 **296**

Remerciements
致謝

非常感謝
Marine Mora和**Matfer Bourgeat** 提供的用具和器材。
9 rue du Tapis Vert
93260 Les Lilas
0143626040
www.matferbourgeat.com